U0369664

高等职业教育机电类专业"岗课赛证"融通教材

职业教育国家在线精品课程配套教材

单片机技术与应用

主　编　邓　婷　范润宇　谭见君

副主编　皮　杰　李　瑶　向建军　李　晔

参　编　高见芳　周国栋　朱青建　李庆国

机械工业出版社

本书是职业教育国家在线精品课程配套教材。本书内容包括智能车间指示系统设计与制作、智能车间生产线计数系统设计与制作和智能车间搬运系统设计与制作3个项目，其中每个项目包括5个任务，每个任务由任务描述、任务目标、任务实施、任务评价、知识链接和习题训练组成，部分任务还包含拓展提高、举一反三、编程题和科创实践。每个任务一般包含基础任务和进阶任务，实施分层教学。

　　本书可作为高等职业院校机电一体化技术、工业机器人技术、应用电子技术、嵌入式技术应用等相关专业的教材，也可作为电子、智能制造行业技术人员的参考用书。

　　为方便教学，本书配有电子课件、习题解答、模拟试卷及答案等，凡选用本书作为教材的教师，均可登录机械工业出版社教育服务网（www.cmpedu.com）注册后下载或来电索取。联系电话:010-88379375。

图书在版编目（CIP）数据

单片机技术与应用 / 邓婷，范润宇，谭见君主编 . —北京：机械工业出版社，2023.10

高等职业教育机电类专业"岗课赛证"融通教材

ISBN 978-7-111-73901-2

Ⅰ.①单… Ⅱ.①邓…②范…③谭… Ⅲ.①微控制器 – 高等职业教育 – 教材 Ⅳ.① TP368.1

中国国家版本馆 CIP 数据核字（2023）第 173438 号

机械工业出版社（北京市百万庄大街 22 号　邮政编码 100037）

策划编辑：高亚云　　　　　　　责任编辑：高亚云　王　荣
责任校对：贾海霞　陈　越　　　封面设计：王　旭
责任印制：任维东

北京中兴印刷有限公司印刷

2023 年 12 月第 1 版第 1 次印刷

184mm×260mm · 15.75 印张 · 377 千字

标准书号：ISBN 978-7-111-73901-2

定价：49.00 元

前 言

习近平总书记在党的二十大报告中指出，建设现代化产业体系。坚持把发展经济的着力点放在实体经济上，推进新型工业化，加快建设制造强国、质量强国、航天强国、交通强国、网络强国、数字中国。实施产业基础再造工程和重大技术装备攻关工程，支持专精特新企业发展，推动制造业高端化、智能化、绿色化发展。

本书是依照高等职业院校机电一体化技术专业的培养目标和1+X物联网单片机应用与开发职业技能等级证书（中级）标准和全国职业院校技能大赛高职组"智能电子产品设计与开发"标准的要求，同时兼顾其他专业的培养方案，按项目化课程改革要求编写而成的理论实践一体化的教学用书，全书教学时数为48学时左右。

全书采用项目化的编写方式，共分为3个项目：项目1为智能车间指示系统设计与制作，项目2为智能车间生产线计数系统设计与制作，项目3为智能车间搬运系统设计与制作。

在编写本书时，依据"岗课赛证"综合育人模式，以单片机应用能力培养为主线，基于智能化改造工程师岗位，以智能化改造工程师工作内容对接教学内容，以单片机控制系统开发流程对接教学流程，教材内容融合1+X物联网单片机应用与开发职业技能等级证书（中级）标准和全国职业院校技能大赛高职组"智能电子产品设计与开发"标准，纳入STC等高性能芯片、无线通信等新技术，教材项目任务取自企业真实任务，联合企业共同开发项目案例，融入弘扬"中国芯"爱国主义精神，以及"严谨规范的职业道德、精益求精的工匠精神、追求卓越的创新精神"，构建项目化、模块化的"岗课赛证"融通教材。

此外，每个任务后面有习题训练（包含1+X证理论考题），通过交互式二维码随扫随答，并查对答案。有的任务后面有操作题（对接1+X证实操考题）和科创实践（对接技能竞赛），训练学生的动手能力和创新思维。

书中配备了翔实丰富的二维码，链接任务描述视频、微课视频及部分参考程序等数字化资源，以扩展学习内容，丰富学习形式，提高学习兴趣。本书是职业教育国家在线精品课程配套教材，更多学习资源读者可登录学银在线（http://www.xueyinonline.com/detail/236277852）学习。

本书由邓婷（湖南科技职业学院）、范润宇（湖南科技职业学院）、谭见君（湖南科技职业学院）主编，皮杰（湖南科技职业学院）、李瑶（湖南科技职业学院）、向建军（湖南科技职业学院）、李晔（湖南网络工程职业学院）任副主编，高见芳（湖南科技职业学院）、周国栋（湖南网络工程职业学院）、朱青建（北京四梯科技有限公司高级工程师）、李庆国（湖南科技职业学院）参与编写。其中，项目1由谭见君、朱青建、李庆国、高见芳、皮杰、李晔编写，项目2由邓婷编写，项目3由邓婷、范润宇、李瑶、向建军、周国栋编写。全书由邓婷统稿。

限于编者水平，书中难免有疏漏之处，恳请读者批评指正。

编 者

二维码索引

微课视频二维码索引

名称	二维码	页码	名称	二维码	页码	名称	二维码	页码
Proteus 软件操作		3	蜂鸣器的工作原理		81	串行口的结构及工作方式		129
Keil 软件操作		6	定时/计数器的结构及工作原理		83	DS18B20 的工作指令表		159
单片机内部结构		10	定时/计数器的工作方式 1		85	DS18B20 的工作时序		160
单片机最小系统		11	定时/计数器的工作方式 2		87	L298 芯片与单片机的连接		177
单片机程序存储器		13	中断的概念		95	PWM(脉宽调制)电动机调速		180
单片机数据存储器		14	单片机的中断系统		95	红外循迹传感器的调试方法		188
单片机引脚		16	中断响应处理过程		98	红外循迹传感器原理		190
独立按键编程原理		43	数码管的结构与工作原理		112	超声波测距的工作原理		204
红外光电传感器的工作原理		79	数码管的动态显示		115			

程序二维码索引

名称	二维码	页码	名称	二维码	页码	名称	二维码	页码
项目 1 任务 2 进阶任务参考程序		21	项目 1 任务 3 基础任务参考程序 2		35	项目 1 任务 3 基础任务参考程序 3		35

（续）

名称	二维码	页码	名称	二维码	页码	名称	二维码	页码
项目1 任务3 基础任务参考程序4		35	项目2 任务2 进阶任务参考程序		94	项目3 任务1 进阶任务参考程序		176
项目1 任务3 进阶任务参考程序		36	项目2 任务2 举一反三参考程序		102	项目3 任务3 进阶任务参考程序		203
项目1 任务3 拓展提高参考程序		45	项目2 任务2 拓展提高参考程序		102	项目3 任务5 基础任务参考程序		230
项目2 任务1 基础任务参考程序		78	项目2 任务4 进阶任务参考程序		125	项目3 任务5 进阶任务参考程序		232
项目2 任务2 基础任务参考程序		93	项目2 任务5 进阶任务参考程序		154			

习题二维码索引

名称	二维码	页码	名称	二维码	页码	名称	二维码	页码
项目1 任务1 习题		17	项目2 任务1 习题		89	项目3 任务1 习题		182
项目1 任务2 习题		32	项目2 任务2 习题		103	项目3 任务2 习题		192
项目1 任务3 习题		45	项目2 任务3 习题		117	项目3 任务3 习题		217
项目1 任务4 习题		62	项目2 任务4 习题		143	项目3 任务4 习题		228
项目1 任务5 习题		71	项目2 任务5 习题		171	项目3 任务5 习题		237

目　录

项目 1

智能车间指示系统设计与制作

本项目通过信号灯、指定效果指示灯、AGV（自动导引车）指示灯、流水指示灯、报警指示灯设计实例，让读者初步了解单片机和单片机应用系统的基本概念、单片机最小系统、存储器结构、引脚、开发流程、开发环境以及常用开发软件 Proteus 和 Keil C51 的使用方法。

任务 1　信号灯模块设计与制作

⚒ 任务描述

▶▶ **基础任务**

模拟企业车间信号灯控制，用发光二极管（LED）代替信号灯，利用单片机对接在 P1.0 口上的一个 LED 进行闪烁控制，实现让 LED 先点亮，延时一定时间之后熄灭，然后再点亮、熄灭，循环不止。

▶▶ **进阶任务**

模拟企业车间信号灯控制，要求单片机 P1 口控制 8 个 LED 闪烁，实现让 8 个 LED 先点亮，延时一定时间之后熄灭，然后再点亮、熄灭，循环不止。

⚒ 任务目标

知识目标	1. 理解单片机和单片机应用系统的概念 2. 掌握单片机的内部结构 3. 掌握单片机应用系统的开发流程 4. 掌握单片机的外部引脚及功能、单片机最小系统 5. 掌握单片机存储器结构 6. 掌握单片机并行 I/O 端口的结构及功能
能力目标	1. 能够使用 Keil C51 编程开发软件编写程序，编译并生成可执行文件，在 Proteus 上仿真 2. 能够操作 Proteus 仿真软件 3. 能够按照单片机应用系统的开发流程，设计信号灯闪烁电路和程序 4. 能够连接单片机时钟电路和复位电路
素质目标	1. 通过介绍国产 STC 单片机发展历史，激发民族自豪感和爱国主义情怀 2. 通过绘制信号灯闪烁控制电路图，强调电路绘制规范，培养安全规范意识 3. 通过解决电路和程序中出现的问题，培养态度认真、细致严谨、一丝不苟的工匠精神 4. 通过整理工具和器材、清理工位，培养劳动意识

✕ 任务实施

单片机应用系统的开发流程及所需工具如图 1-1 所示。

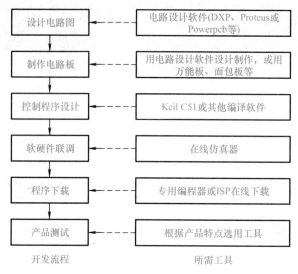

图 1-1　单片机应用系统的开发流程及所需工具

▶▶ 基础任务

任务工单见附录。

1. 硬件设计

根据任务要求，该任务包括 3 个电路：时钟电路、复位电路和发光二极管电路。时钟电路接到单片机的 XTAL1 和 XTAL2 引脚；复位电路接到 RST 引脚，采用上电自动复位的方式；发光二极管阴极接到 P1.0 引脚，阳极接 +5V 电源。信号灯模块控制电路框图如图 1-2 所示。

元器件列表见表 1-1。

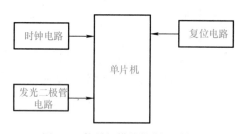

图 1-2　信号灯模块控制电路框图

表 1-1　元器件列表

序号	元器件名称	型号 / 规格	数量	Proteus 中的名称
1	单片机	STC89C52	1	用 AT89C51 代替 STC89C52
2	晶体振荡器（简称晶振）	12MHz	1	CRYSTAL
3	陶瓷电容器	22pF	2	CAP
4	电解电容	22μF/16V	1	CAP-ELEC
5	电阻	1kΩ	1	RES
6	电阻	50Ω	1	RES
7	发光二极管		1	LED-RED

信号灯模块控制电路图如图 1-3 所示。

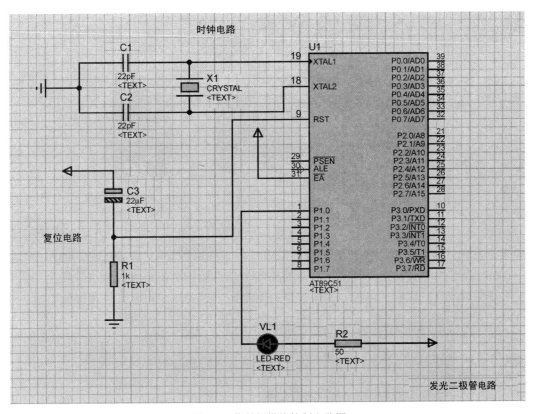

图 1-3　信号灯模块控制电路图

跟我做

Proteus 仿真软件的操作步骤如下。

步骤 1：启动 Proteus，打开应用程序。

步骤 2：建立 Proteus 工程文件。

步骤 3：从库中选取需要的元器件。

步骤 4：在原理图中放置元器件。

步骤 5：连线。

步骤 6：终端命名及修改元器件参数。

需要注意的是，51 单片机的 $\overline{EA}$ 引脚连接 +5V 电源，表示程序将下载到单片机内部程序存储器。单片机并行端口 P1 口的 P1.0 引脚与发光二极管的阴极连接。当 P1.0 引脚输出低电平时，发光二极管点亮；当 P1.0 引脚输出高电平时，发光二极管熄灭。

对电路中的主要器件介绍如下：

1）单片机实物如图 1-4 所示。单片机实质上是一个集成电路芯片，封装形式有很多种，例如 DIP（Dual In-line Package，双列直插式封装）、PLCC（Plastic Leaded Chip Carrier，带引线的塑料芯片封装）、QFP（Quad Flat Package，四侧引脚扁平封装）、PGA（Pin Grid Array，插针阵列封装）、BGA（Ball Grid Array，球阵列封装）、SOP（Small Outline Package，小引出线封装）等。其中，DIP 单片机可以在万能板上焊接，其他封装形式的单片机须按引脚尺寸制作印制电路板（Printed Circuit Board，PCB）。

如果没有特殊说明，本书电路中的单片机均采用 DIP40 封装。

图 1-4　单片机实物图

2）发光二极管实物图如图 1-5 所示。发光二极管具有单向导电性，电流只能从阳极流向阴极，发光二极管实物中较长的引脚是阳极，较短的引脚是阴极。发光二极管一般通过 3～20mA 的电流即可发光，电流越大，其亮度越强，但若电流过大，会烧毁发光二极管。为了限制通过发光二极管的电流，需要串联一个电阻，因此这个电阻被称为限流电阻。

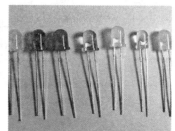

图 1-5　发光二极管实物图

小经验

当发光二极管发光时，它两端的电压一般为 1.7V 左右（不同类型或颜色的发光二极管，该值有所不同），这个电压被称为导通压降。

当发光二极管导通时，其阴极接地，电压为 0V。根据欧姆定律，当限流电阻为 1kΩ 时，流过发光二极管的电流 I=[（5−1.7）/1000]A=0.0033A=3.3mA。若想让发光二极管再亮一些，可以减小限流电阻的阻值。

3）弹性按键实物图如图 1-6 所示，有 4 个引脚，假定为 1、2、3、4，则 1 和 2 是一组已经连通的引脚，3 和 4 是一组已经连通的引脚，焊接时，只要在两组引脚中各选任意一组作为开关的两端即可，例如引脚 1 和 3。当多个按键一起用时，可以利用导通性，不用每个按键都接地或电源。

硬件电路板制作：在万能板上按电路图焊接元器件，完成电路板制作。

图 1-6　弹性按键实物图

① 电路图要用统一规定的元器件符号（Proteus 中的部分元器件符号与国标有差异，请读者注意）。

② 尽量避免导线的交叉，导线要求横平竖直。

③ 原理图元器件要放在蓝色方框内，该蓝色方框内为可编辑区。

④ 整个原理图的所有元器件应该有唯一确定的名称，不能重名。

⑤ 元器件之间要用导线连接，不能直接把元器件引脚接在一起。

⑥ 接地和电源符号与其他元器件之间要用导线连接。

⑦ Proteus 软件的单片机引脚与实际单片机引脚位置是不一样的，实物连接时以实际单片机引脚为准。

⑧ 焊接单片机应用系统的硬件电路时，为了调试方便，一般不直接将单片机焊接在电路板上，而是焊接一个与单片机引脚相对应的直插式插座，以方便单片机的拔出与插入，系统中采用 DIP40 插座。

⑨ 注意电解电容和发光二极管都有正负极之分，在电路中不能接反。电解电容外壳一般标有"+""−"标记，如果没有标记，则较长的引脚为正极，较短的引脚为负极。

⑩ 晶振电路焊接时尽可能靠近单片机，以减小电路板的分布电容，使晶振频率更加稳定。

2. 软件设计

信号灯模块控制流程图如图 1-7 所示。

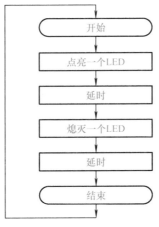

图 1-7　信号灯模块控制流程图

Keil 软件是目前较流行的开发 51 单片机的工具软件。

跟我做

Keil 软件的操作步骤如下。

步骤 1：建立工程文件。

步骤 2：建立并添加源文件。
1）新建源文件。
2）添加源文件。
3）输入源文件。
步骤 3：配置工程属性。
步骤 4：工程编译。
步骤 5：生成 HEX 文件。

参考程序如下所示：

```
// 程序 :ex1_1.c
#include<reg51.h>                //51 单片机头文件
void delay(unsigned int c);      // 延时函数声明
void main()                      // 主函数
{
    while(1)
    {
        P1  = 0xFE;              //P1 口需大写，表示点亮一个 LED
        delay (100);             // 调用延时函数
        P1  = 0xFF;              // 熄灭一个 LED
        delay (100);
    }
}
void delay(unsigned int c)       // 延时函数定义
{
    unsigned char a, b;
    for (;c>0;c--)
    for (b=38;b>0;b--)
    for (a=130;a>0;a--);
}
```

小锦囊

程序需要在英文输入法状态下输入。

▶▶ 进阶任务

1. 硬件设计

根据任务要求，该任务包括 3 个电路：时钟电路、复位电路和发光二极管电路。时钟电路接到单片机的 XTAL1 和 XTAL2 引脚；复位电路接到 RST 引脚，采用上电自动复位的方式；8 个发光二极管阳极接到 P3 引脚，阴极接地，采用共阴极连接方式。多信号灯闪烁电路框图如图 1-8 所示。

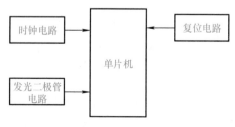

图 1-8　多信号灯闪烁电路框图

元器件选择参考见表 1-2。

表 1-2　元器件选择参考

序号	元器件名称	型号 / 规格	数量	Proteus 中的名称
1	单片机	STC89C52	1	用 AT89C51 代替 STC89C52
2	晶振	12MHz	1	CRYSTAL
3	陶瓷电容器	22pF	2	CAP
4	电解电容	22μF/16V	1	CAP-ELEC
5	电阻	1kΩ	1	RES
6	电阻	220Ω	8	RES
7	发光二极管		8	LED-RED

多信号灯闪烁控制电路图如图 1-9 所示。

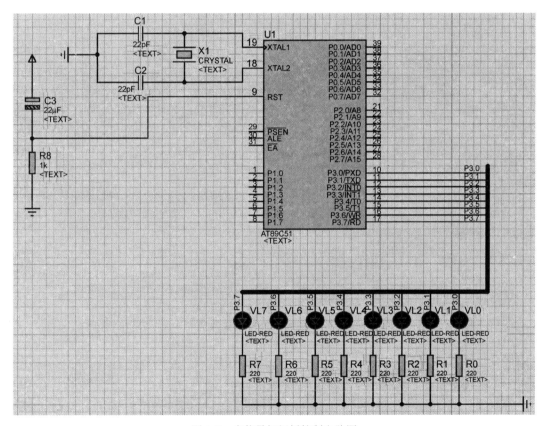

图 1-9　多信号灯闪烁控制电路图

需要注意的是，图 1-9 中粗线是总线，总线由多条并行的导线组成。

画法：右击 Proteus 软件左侧的"＋"（总线模式）按钮，然后把鼠标移到右侧绘图区域，单击拖动鼠标绘制总线，绘制完成后双击即可。

2. 软件设计

多信号灯闪烁控制流程图如图 1-10 所示。

参考程序如下：

```
// 程序 :ex1_2.c
#include <reg51.h>
void delay (unsigned int c);
void main()
{
    while(1)
    {
        P3  = 0xFF;            // 点亮 8 个 LED
        delay (100);
        P3 = 0x00;             // 熄灭 8 个 LED
        delay (100);
    }
}
void delay(unsigned int c)
{
    unsigned char a, b;
    for (;c>0;c--)
    for (b=38;b>0;b--)
    for (a=130;a>0;a--);
}
```

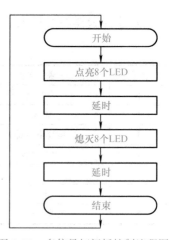

图 1-10　多信号灯闪烁控制流程图

任务评价

见附录。

知识链接

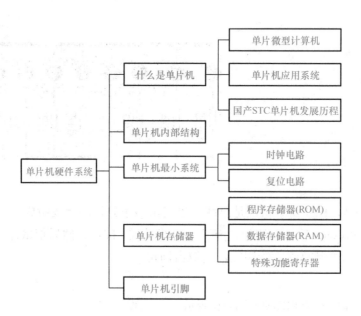

1.1.1　什么是单片机

1. 单片微型计算机

单片微型计算机简称单片机，是指集成在一个芯片上的微型计算机，它的各种功能部件，包括中央处理器（Central Processing Unit，CPU）、存储器（Memory）、输入输出（Input/Output，简称 I/O）接口电路、定时 / 计数器和中断系统等，都制作在一块集成芯片上，构成一个完整的微型计算机。由于它的结构与指令功能都是按照工业控制要求设计的，故又被称为微控制单元（Microcontroller Unit，简称 MCU）。单片机实物图如图 1-11 所示。

2. 单片机应用系统

单片机应用系统是以单片机为核心，配以输入、输出、显示等外围接口电路和控制程序，能实现一种或多种功能的实用系统。

单片机应用系统由硬件和控制程序两部分组成，二者相互依赖，缺一不可。硬件是应用系统的基础，控制程序是在硬件的基础上，对其资源进行合理调配和使用，控制其按照一定顺序完成各种时序、运算或动作，从而实现应用系统所要求的任务。

单片机应用系统设计人员必须从硬件结构和控制程序设计两个角度来深入了解单片机，将二者有机地结合起来，才能开发出具有特定功能的单片机应用系统。单片机应用系统的组成如图 1-12 所示。

图 1-11　单片机实物图

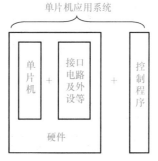

图 1-12　单片机应用系统的组成

3. 国产 STC 单片机发展历程

STC 单片机是深圳市宏晶科技有限公司（简称宏晶科技）出产的一种单片机，功能强大、简单、实用、便宜，一般单片机有的功能它都具有。STC 单片机是增强型 51 单片机，单周期，速度为 51 单片机的 6 ～ 7 倍，宽电压、高稳定、难破解，集成了 Flash ROM(闪速存储器，简称闪存)/ADC（模 / 数转换器）/PWM（脉冲宽度调制）/ 内部 R/C 振荡器 / 复位电路等，新的 15 系列不需任何外围元器件，是真正意义的 "单片机"。国产 STC 单片机开创了 8 位 51 单片机在中国的成功范例。

STC 是 SysTem Chip（系统芯片）的缩写，因性能出众，领导着行业的发展方向。宏晶科技是新一代增强型 8 位单片微型计算机标准的制定者和领导厂商。公司主要从事 STC 增强型 8051 内核单片微型计算机的研发、生产和销售，拥有独立知识产权。目前，公司已有 STC89C51 系列、STC90C51 系列、STC11/10XX 系列、STC12 系列以及 STC15 系列单片机，可支持仿真。现推广的产品有：STC 增强型 8051 系列 FLASH 单片机、低成本 MCU 型 DSP 微处理器、复位电源监控电路、高性能 SRAM/SDRAM/Flash、RS-232/RS-485 接口电路、USB 型 MCU。

1.1.2　单片机内部结构

本书以目前使用广泛的 STC89C52 8 位单片机为研究对象，STC89C52 单片机是宏晶科技推出的高速、低功耗、超强抗干扰的单片机，指令代码完全兼容传统 8051 单片机，12 时钟 / 机器周期和 6 时钟 / 机器周期可以任意选择。工作电压是 3.3 ～ 5.5V（5V 单片机）/2.0 ～ 3.8V（3V 单片机），HD 版本和 90C 版本内部集成 MAX810 专用复位电路。STC89C52 单片机的基本组成如图 1-13 所示，单片机内部结构的主要特性及功能见表 1-3。

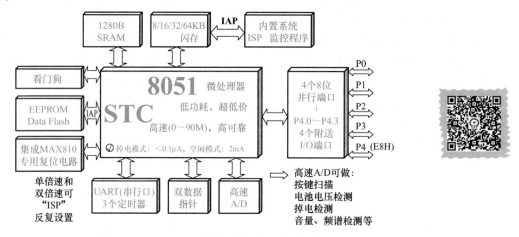

图 1-13　STC89C52 单片机的基本组成

表 1-3　单片机内部结构的主要特性及功能

部件名称	主要特性及功能
中央处理器 （CPU）	中央处理器是单片机的控制核心，由运算器和控制器组成。运算器的主要功能是对数据进行各种运算，包括加、减、乘、除等基本算术运算，与、或、非等基本逻辑运算，以及数据的比较、移位等操作。控制器相当于人的大脑，它控制和协调整个单片机的动作
内部数据存储器（RAM）	单片机上集成 512B RAM，可读可写，掉电后数据丢失
内部程序存储器（ROM）	8KB 内部 Flash ROM 可擦写次数 10 万次以上；单片机内置 EEPROM 功能，只能读不能写，掉电后数据不会丢失，用于存放程序或程序运行过程中不会改变的原始数据，通常被称为程序存储器
并行 I/O 口	通用 I/O 口（32 个）复位后，P1/P2/P3/P4 是准双向口 / 弱上拉；P0 是漏极开路输出，作为总线扩展用时，不用加上拉电阻，作为 I/O 口用时，需加上拉电阻
串行口	通用异步串行口（UART），还可用定时器软件实现多个 UART
定时 / 计数器	单片机共 3 个 16 位定时 / 计数器 T0、T1、T2，可实现定时或计数功能；兼容普通 51 单片机的定时器，其中定时 / 计数器 T0 还可以当成 2 个 8 位定时 / 计数器使用
中断系统	单片机有 4 路外部中断，下降沿中断或低电平触发中断，掉电模式可由外部中断的低电平触发中断方式唤醒
时钟电路	单片机内部有时钟电路，只需外接晶振和微调电容器即可。晶振频率通常选择 6MHz、12MHz 或 11.0592MHz

注：STC89C52 有 ISP（在系统可编程）/IAP（在应用可编程），无须使用专用编程器和仿真器，可通过串行口（RxD/P3.0，TxD/P3.1）直接下载用户程序，数秒即可完成下载。

1.1.3　单片机最小系统

STC89C52 内部具有 RAM 和 EEPROM，所以只需在单片机外部接上时钟电路、复位电路和电源电路就可以构成一个基本应用系统，这被称为单片机最小系统。

1. 时钟电路

STC89C52 有一个用于构成内部振荡器的高增益反相放大器，XTAL1 和 XTAL2 引脚分别是该放大器的输入端和输出端。这个放大器与作为反馈器件的片外晶振一起构成自激振荡器。时钟电路如图 1-14 所示。

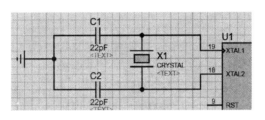

图 1-14　时钟电路（截取自图 1-9 中的电路）

晶振及电容 C1、C2 接在放大器的反馈回路中构成并联谐振电路。晶振频率可在 6 ～ 40 MHz 之间选择（不能超过单片机所允许的范围，STC89C52 可选 6MHz、12MHz 或者 11.0592 MHz）。外接电容 C1、C2 的选择虽然没有十分严格的要求，但电容容量的大小会轻微影响振荡频率的高低、振荡器工作的稳定性、起振的难易程度及温度的稳定性。推荐电容使用（30 ± 10）pF。

时钟电路就像单片机工作的"心脏"。没有晶振，就没有时钟周期；没有时钟周期，就无法执行程序代码，单片机就无法工作。

单片机工作时，是从 ROM 中一条一条地取指令，然后一步一步地执行。单片机访问一次存储器的时间，称为一个机器周期，即一个时间基准。一个机器周期包含 12 个时钟周期。时钟周期又被称为振荡周期，振荡周期为晶振频率的倒数。如一块单片机外接晶振频率为 12MHz，则时钟周期为（1/12）μs，机器周期为 12 ×（1/12）μs=1μs。

在 51 系列单片机的指令中，有些运行速度比较快，只要一个机器周期就可以了，有些完成比较慢，要两个机器周期，还有些需要 4 个机器周期。为了衡量指令执行时间的长短，又引入了一个新的概念——指令周期，我们把执行一条指令的时间称为指令周期。

如在头文件 intrins.h 中包含一个 nop（）函数，当计算 NOP 指令完成所需要的时间时，首先必须要知道晶振频率。设所用晶振频率为 12MHz，则一个机器周期为 1μs，而 NOP 指令为单周期指令，所以执行一次需要 1μs。如果该指令需要执行 1000 次，正好需要 1000μs 也就是 1ms。在单片机开发中，常用它来做软件延时。

2. 复位电路

单片机通电时，其内部电路处于不确定的工作状态。为了使单片机工作时的内部电路有一个确定的工作状态，单片机在工作之前需要有一个复位过程。在振荡器工作时，将 RST 引脚保持至少两个机器周期的高电平可实现复位。为了保证上电复位的可靠性，RST

必须保持足够长时间的高电平，该时间至少为振荡器的稳定时间（通常为几毫秒）加上两个机器周期。对于STC89C52而言，通常在其RST引脚上保持10ms以上的高电平就能使单片机完全复位。为了达到这个要求，通常有两种基本电路形式：上电复位电路和按键复位电路。

（1）上电复位电路　上电复位要求接通电源后，单片机自动实现复位操作。常用上电复位电路如图1-15a所示，上电瞬间电容C1相当于短路，RST引脚获得高电平，随着电容C1的充电，RST引脚的高电平将逐渐下降，降到一定电压值以下，单片机开始正常工作。该电路的电容和电阻的典型值一般为10μF和10kΩ。

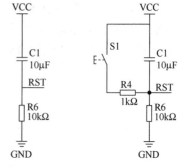

a) 上电复位电路　　b) 按键复位电路

图1-15　单片机复位电路

（2）按键复位电路　按键复位电路除了具有上电复位功能外，还可按图1-15b中的S1键实现复位，此时电源VCC经两个电阻分压，在RST端产生一个复位高电平。

（3）看门狗定时器复位　在实际应用中，为了保证单片机系统正常工作，一般都加入看门狗复位电路，如MAX708、X25045等，这样可以保证在程序跑飞的情况下系统能够自动复位。许多增强型单片机内部带有硬件看门狗定时器（WDT），无须外加看门狗电路，可以通过软件的设置启动看门狗定时器。

复位操作的主要功能是把程序计数器（PC）初始化为0000H，使单片机程序从程序存储器0000H单元处开始执行。单片机冷启动后，片内RAM为随机值，运行中的复位操作不改变片内RAM的内容。特殊功能寄存器（SFR）复位后的状态是确定的，SFR复位状态见表1-4。

表1-4　SFR复位状态

SFR	复位状态	SFR	复位状态
PC	0000H	ACC	00H
B	00H	PSW	00H
SP	07H	DPTR	0000H
P0 ~ P3	FFH	IP	× × ×00000B
TMOD	00H	IE	0 × ×00000B
TH0	00H	SCON	00H
TL0	00H	SBUF	不确定
TH1	00H	PCON	0 × ×0000B
TL1	00H	TCON	00H

注："×"表示无关位，H为十六进制后缀，B为二进制后缀。

1.1.4　单片机存储器

STC89C52存储器的结构特点之一是将程序存储器（ROM）和数据存储器（RAM）分

开（哈佛结构），并有各自的访问指令。STC89C52 单片机除可以访问内部 Flash ROM 外，还可以访问 64KB 的外部 ROM。STC89C52 单片机内部有 512 字节的 RAM，其在物理和逻辑上都分为两个地址空间：内部 RAM（256 字节）和内部扩展 RAM（256 字节），另外还可以访问在片外扩展的 64KB 的外部 RAM。单片机存储空间结构如图 1-16 所示。

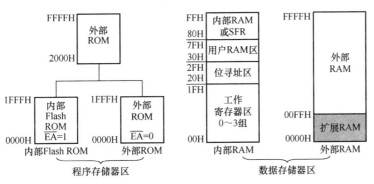

图 1-16　单片机存储空间结构

1. 程序存储器（ROM）

单片机 ROM 用于存放程序和表格之类的固定常数。内部为 8KB 的 Flash ROM，地址为 0x0000 ～ 0x1FFF。16 位地址线，可外扩的程序存储器空间最大为 64KB，地址为 0x0000 ～ 0xFFFF。使用时应注意以下问题：

1）分为内部和外部两部分，访问内部 ROM 还是外部 ROM，由 $\overline{EA}$ 引脚电平确定。$\overline{EA}$ =1 时，CPU 从片内 0x0000 开始取指令，当 PC 值没有超出 0x1FFF 时，只访问内部 Flash ROM，当 PC 值超出 0x1FFF 时，自动转向读外部 ROM 空间 0x2000 ～ 0xFFFF 内的程序。$\overline{EA}$ =0 时，只能执行外部 ROM（0x0000 ～ 0xFFFF）的程序，不理会内部 8KB Flash ROM。

2）ROM 某些固定单元用于各中断源中断服务程序入口。单片机复位后，ROM PC 值为 0x0000，于是程序从 ROM 的 0x0000 开始执行，一般在这个单元存放一条跳转指令，跳向主函数的入口地址。

除此之外，64KB 的 ROM 空间中有 8 个特殊单元分别对应于 8 个中断源的中断入口地址。通常这 8 个中断入口地址处都放一条跳转指令跳向对应的中断服务子程序，而不是直接存放中断服务子程序。因为两个中断入口间的间隔仅有 8 个单元，一般不够存放中断服务子程序。

单片机 ROM 中的 6 个特殊单元地址：

0x0000：单片机复位后，PC=0x0000，即程序从 0x0000 单元开始执行。

0x0003：外部中断 0 入口地址。

0x000B：定时 / 计数器 0 溢出中断入口地址。

0x0013：外部中断 1 入口地址。

0x001B：定时 / 计数器 1 溢出中断入口地址。

0x0023：串行口中断入口地址。

0x002B：定时 / 计数器 2 溢出中断入口地址。

0x0033：外部中断 2 入口地址。

0x003B：外部中断 3 入口地址。

2. 数据存储器（RAM）

STC89C52 单片机内部集成了 512 字节的 RAM，可用于存放程序执行的中间结果和过程数据。内部 RAM 在物理和逻辑上都分为两个地址空间：内部 RAM（256 字节）和内部扩展 RAM（256 字节）。此外，还可以访问在片外扩展的 64KB RAM。

1）内部 RAM。传统的 89C52 单片机的内部 RAM 只有 256 字节的空间可供使用，在此情况下宏晶科技响应广大用户的呼声，在一些单片机内部增加了 RAM。STC89C52 单片机内部扩展了 256 字节的 RAM。于是 STC89C52 单片机内部 512 字节的 RAM 有 3 个部分：①低 128 字节（0x00 ～ 0x7F）内部 RAM；②高 128 字节（0x80 ～ 0xFF）内部 RAM；③内部扩展的 256 字节 RAM 空间（0x00 ～ 0xFF）。下面分别做出说明：

① 低 128 字节（0x00 ～ 0x7F）的空间既可以直接寻址也可间接寻址，内部低 128 字节的 RAM 又可分为：工作寄存器区 0 组（0x00 ～ 0x07）8 字节、工作寄存器区 1 组（0x08 ～ 0x0F）8 字节、工作寄存器区 2 组（0x10 ～ 0x17）8 字节、工作寄存器区 3 组（0x18 ～ 0x1F）8 字节、位地址区（0x20 ～ 0x2F）16 字节、用户 RAM 区（0x30 ～ 0x7F）80 字节。

② 高 128 字节（0x80 ～ 0xFF）的空间和特殊功能寄存器区（SFR）的地址空间（0x80 ～ 0xFF）貌似共用相同的地址范围，但物理上是独立的，使用时通过不同的寻址方式加以区分：高 128 字节只能间接寻址，而 SFR 只能直接寻址。

③ 内部扩展 RAM 在物理上是内部，但逻辑上是占用外部 RAM 的部分空间，需要用 MOVX 指令（外部 RAM 与累加器之间的传送指令）来访问。内部扩展 RAM 是否可以被访问是由辅助寄存器（AUXR，地址为 0x8E）的 EXTRAM 位（扩展 RAM 访问控制）来设置。

2）外部 RAM。当内部 RAM 不够用时，需外扩 RAM，STC89C52 最多可外扩 64KB 的 RAM。注意，内部 RAM 与外部 RAM 两个空间是相互独立的，内部 RAM 与外部 RAM 的低 256 字节的地址是相同的，但由于使用不同的访问指令，所以不会发生冲突。

另外说明下，只有在访问真正的外部 RAM 期间，$\overline{WR}$（外部 RAM 写选通）或 $\overline{RD}$（外部 RAM 读选通）信号才有效。但当 MOVX 指令访问物理上在内部、逻辑上在外部的内部扩展 RAM 时，这些信号将被忽略。

3. 特殊功能寄存器

STC89C52 中的 CPU 对片内各功能部件的控制采用特殊功能寄存器集中控制的方式。特殊功能寄存器（SFR）的单元地址映射在内部 RAM 的 0x80 ～ 0xFF 区域中，离散地分布在该区域内，其中字节地址以 0x0 或 0x8 结尾的特殊功能寄存器可以进行位操作。SFR 的名称及其分布见表 1-5。

表 1-5　SFR 的名称及其分布

SFR	名称	字节地址	位地址
B	寄存器	F0H	F7H ～ F0H
ACC	累加器	E0H	E7H ～ E0H

（续）

SFR	名称	字节地址	位地址
PSW	程序状态字	D0H	D7H ～ D0H
IP	中断优先级控制寄存器	B8H	BFH ～ B8H
P3	P3 口锁存器	B0H	B7H ～ B0H
IE	中断允许控制寄存器	A8H	AFH ～ A8H
P2	P2 口锁存器	A0H	A7H ～ A0H
SBUF	串行数据缓冲器	99H	
SCON	串行口控制寄存器	98H	9FH ～ 98H
P1	P1 口锁存器	90H	97H ～ 90H
TH1	定时 / 计数器 1（高 8 位）	8DH	
TH0	定时 / 计数器 0（高 8 位）	8CH	
TL1	定时 / 计数器 1（低 8 位）	8BH	
TL0	定时 / 计数器 0（低 8 位）	8AH	
TMOD	定时 / 计数器的工作方式寄存器	89H	
TCON	定时 / 计数器的控制寄存器	88H	8FH ～ 88H
PCON	电源控制寄存器	87H	
DPH	数据指针高 8 位	83H	
DPL	数据指针低 8 位	82H	
SP	堆栈指针	8LH	
P0	P0 口锁存器	80H	87H ～ 80H
AUXR	辅助寄存器	8EH	
AUXR1	辅助寄存器 1	A2H	
P4	P4 口锁存器	E8H	E7H ～ EFH
TL2	定时 / 计数器 2（低 8 位）	CCH	
TH2	定时 / 计数器 2（高 8 位）	CDH	
T2CON	定时 / 计数器 2 控制寄存器	C8H	
T2MOD	定时 / 计数器 2 模式寄存器	C9H	
RCAP2L	定时 / 计数器 2 自动重装载值的寄存器低 8 位	CAH	
RCAP2H	定时 / 计数器 2 自动重装载值的寄存器高 8 位	CBH	
WDT_CONTR	看门狗控制寄存器	E1H	
ISP_DATA	ISP/IAP 数据寄存器	E2H	
ISP_ADDRH	ISP/IAP 地址高 8 位	E3H	
ISP_ADDRL	ISP/IAP 地址低 8 位	E4H	
ISP_CMD	ISP/IAP 命令寄存器	E5H	
ISP_TRIC	ISP/IAP 命令触发寄存器	E6H	

1.1.5 单片机引脚

常见的 51 系列单片机封装形式有 DIP（双列直插式封装）、PQFP（塑料方形扁平封装）和 PLCC（带引线的塑料芯片封装）。图 1-17 给出了 STC89C52 单片机的引脚排列结构图，下面以 DIP40 为例说明各引脚的功能和作用。

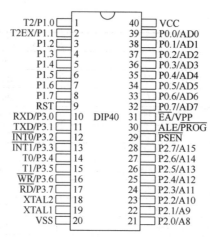

图 1-17　STC89C52 单片机的引脚排列结构图

1. 电源引脚

VCC（40 脚）：电源端，接 +5V 电源。

VSS（20 脚）：接地端。

2. 时钟引脚

时钟引脚 XTAL1（18 脚）和 XTAL2（19 脚）分别作为输入端和输出端，外接晶振与片内的反相放大器构成了自激振荡器，它为单片机提供了时钟信号，时钟频率就是晶振频率。若采用外部时钟电路，则 XTAL2 引脚悬空，XTAL1 作为时钟输入端。

3. 控制引脚

（1）RST（9 脚）　RST（RESET）是复位信号输入端，高电平有效。当单片机运行时，在此引脚加上持续时间大于两个机器周期的高电平时，就可以完成复位操作。

（2）ALE/ $\overline{\text{PROG}}$（Address Latch Enable/Programming，30 脚）　地址锁存允许信号端。当单片机上电正常工作后，ALE 引脚不断向外输出正脉冲信号，此频率为晶振频率（f_{osc}）的 1/6。CPU 访问外部存储器时，ALE 的输出信号作为锁存低 8 位地址的控制信号。另外，如果想初步判断单片机的好坏，可以用示波器查看 ALE 端是否有正脉冲信号输出。如果有脉冲信号输出，说明芯片基本上是好的。$\overline{\text{PROG}}$ 为本引脚的第二功能，在对片内带有 4KB Flash ROM 的 C51 编程写入（烧写固化程序）时，此引脚作为编程脉冲的输入端。

（3）$\overline{\text{PSEN}}$（Program Store Enable，29 脚）　程序存储器允许输出控制端。当 C51 由外部 ROM 取指令时，此引脚输出脉冲的负跳沿作为读外部 ROM 的选通信号。

（4）$\overline{\text{EA}}$ /VPP（Enable Address/Voltage Pulse of Programming，31 脚）　外部 ROM 地址允许输入端 / 固化编程电压输入端。当 $\overline{\text{EA}}$ 引脚接高电平时，CPU 只访问内部 Flash ROM 并执行内部 Flash ROM 中的程序；但当 PC 值超过 0x0FFF 时，CPU 将自动转向执行外部 Flash ROM 中的程序。当 $\overline{\text{EA}}$ 引脚接低电平时，CPU 只访问外部 ROM 并执行外部 Flash ROM 中的程序，而不管是否有内部 ROM。VPP 为本引脚的第二功能，在 Flash ROM 编程期间，用于施加 +12V 或 +5V 的编程允许电源。

4. I/O（输入 / 输出）口

（1）P0 口（P0.0 ～ P0.7）　P0 口是一个 8 位准双向 I/O 口。当 P0 口作为输入口使用时，应让端口置 1（让端口设置为高电平），此时 P0 口的全部引脚悬空，可作为高阻抗输入。当 P0 口作为输出口使用时，应外接上拉电阻，这样才能输出高低电平。在外部存储器扩展时，P0 可以分时提供低 8 位地址和作为 8 位数据的复用总线。

（2）P1 口（P1.0 ～ P1.7）　P1 口是一个带有内部上拉电阻的 8 位双向 I/O 口。对端口置 1 时，通过内部上拉电阻把端口拉到高电位，这时端口可用作输入 / 输出口。

（3）P2 口（P2.0 ～ P2.7）　P2 口是一个带有内部上拉电阻的 8 位双向 I/O 口。对端口置 1 时，通过内部上拉电阻把端口拉到高电位，这时端口可用作输入口。在访问外部 ROM 和 16 位地址的外部 RAM 时，P2 口输出高 8 位地址。在访问 8 位地址的外部 RAM 时，P2 口引脚上的内容在整个访问期间不会改变。

（4）P3 口（P3.0 ～ P3.7）　P3 口是一个带有内部上拉电阻的 8 位双向 I/O 口。当端口置 1 时，通过内部上拉电阻把端口拉到高电位，这时端口可用作输入口。

P3 口引脚还用于一些复用功能，其复用功能见表 1-6。在对 Flash ROM 编程和程序校验时，P3 口还接收一些控制信号。

表 1-6　P3 口引脚的复用功能表

端口引脚	复用功能
P3.0	RXD（串行输入口）
P3.1	TXD（串行输出口）
P3.2	$\overline{INT0}$（外部中断 0）
P3.3	$\overline{INT1}$（外部中断 1）
P3.4	T0（定时 / 计数器 0 外部计数输入）
P3.5	T1（定时 / 计数器 1 外部计数输入）
P3.6	$\overline{WR}$（外部 RAM 写选通）
P3.7	$\overline{RD}$（外部 RAM 读选通）

习题训练

操作题

利用单片机控制 8 个 LED，设计控制程序实现图 1-18 所示的亮灭状态。

图 1-18　操作题图

任务 2　指定效果指示灯设计与制作

✕ 任务描述

▶▶ **基础任务**

模拟合作企业智能车间指示灯控制，利用单片机控制 LED 从两边往中间依次点亮。

▶▶ **进阶任务**

单片机控制 LED 从两边往中间依次点亮、从中间往两边依次点亮。

✕ 任务目标

知识目标	1. 了解常量和变量的基本概念和使用方法 2. 掌握 C 语言数据类型的关键字 3. 掌握变量命名规则与使用 4. 掌握运算符的使用 5. 掌握 C 语言程序的结构及特点
能力目标	1. 会使用数据类型关键字 2. 会定义变量和初始化变量 3. 会定义符号常量 4. 会根据不同情况，正确使用运算符
素质目标	1. 通过绘制指定效果指示灯电路图，强调电路绘制规范，培养安全规范意识 2. 通过编写与调试指定效果指示灯程序，强调代码编写规范，培养认真细致、精益求精的工匠精神 3. 通过小组合作完成指定效果指示灯任务，培养团队协作精神、语言表达能力与组织能力 4. 通过指定效果指示灯软硬联调，养成检测、反馈与调整的职业习惯

✕ 任务实施

任务工单见附录。

▶▶ **基础任务**

1. 硬件设计

根据任务要求，该任务包括 3 个电路：时钟电路、复位电路和发光二极管电路。8 个发光二极管员极分别接到 P3.0 ～ P3.7 引脚，采用共阳极连接方式。元器件列表见表 1-7。

表 1-7　元器件列表

序号	元器件名称	型号 / 规格	数量	Proteus 中的名称
1	单片机	STC89C52	1	用 AT89C51 代替 STC89C52
2	晶振	12MHz	1	CRYSTAL
3	陶瓷电容器	22pF	2	CAP

（续）

序号	元器件名称	型号 / 规格	数量	Proteus 中的名称
4	电解电容	22μF/16V	1	CAP–ELEC
5	电阻	1kΩ	1	RES
6	电阻	220Ω	8	RES
7	发光二极管		8	LED–RED

控制电路图如图 1-19 所示。

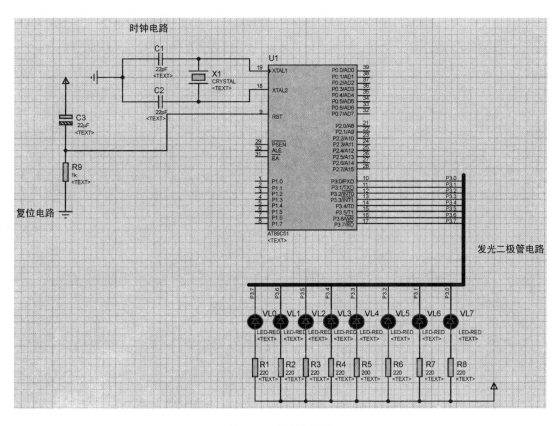

图 1-19　控制电路图

2. 软件设计

根据任务要求，首先是发光二极管 VL0、VL7 亮，然后是发光二极管 VL1、VL6 亮，接着发光二极管 VL2、VL5 亮，最后发光二极管 VL3、VL4 亮，依次按照这个顺序循环不止。由于 8 个发光二极管采用共阳极连接方式，对应单片机引脚为低电平时，对应的发光二极管点亮。例如：首先点亮发光二极管 VL0、VL7，那么对应的 P3.0 和 P3.7 为低电平，P3.1 ~ P3.6 为高电平。I/O 口状态变化见表 1-8。

表 1-8　I/O 口状态变化表

P3.7	P3.6	P3.5	P3.4	P3.3	P3.2	P3.1	P3.0	P3 口取值	说明
0	1	1	1	1	1	1	0	0x7E	VL0、VL7 灯亮，延时
1	0	1	1	1	1	0	1	0xBD	VL1、VL6 灯亮，延时
1	1	0	1	1	0	1	1	0xDB	VL2、VL5 灯亮，延时
1	1	1	0	0	1	1	1	0xE7	VL3、VL4 灯亮，延时

参考程序如下所示：

```
1        // 程序 :ex1_3.c
2        // 功能 :指定效果指示灯设计
3        #include <reg51.h>
4        #define LED P3              // 宏定义，用 LED 代替 P3 口
5        #define TIME 30000          // 定义符号常量，用 TIME 代替 30000
6        void delay(unsigned int i)
7        {
8            while(i--);
9        }
10       void main()
11       {
12           unsigned char i;
13           while(1)
14           {
15               i=0;
16               LED=~((0x01<<i)|(0x80>>i));
17               delay(TIME);
18               i++;
19               LED=~((0x01<<i)|(0x80>>i));
20               delay(TIME);
21               i++;
22               LED=~((0x01<<i)|(0x80>>i));
23               delay(TIME);
24               i++;
25               LED=~((0x01<<i)|(0x80>>i));
26               delay(TIME);
27           }
28       }
```

> **◆ 小锦囊**
>
> "a≥10 或 a≤0" 的 C 语言表达式为 "a>=10||a<=0"；"80≤i<89" 的 C 语言表达式为 "a>=80&&a<89"。
>
> "=" 是赋值运算符，"==" 是等于运算符；"!=" 是不等于运算符。

▶▶ 进阶任务

根据任务要求，I/O 口状态变化见表 1-9。

表 1-9　I/O 口状态变化表

P3.7	P3.6	P3.5	P3.4	P3.3	P3.2	P3.1	P3.0	P3 口取值	说明
0	1	1	1	1	1	1	0	0x7E	VL0、VL7 灯亮，延时
1	0	1	1	1	1	0	1	0xBD	VL1、VL6 灯亮，延时
1	1	0	1	1	0	1	1	0xDB	VL2、VL5 灯亮，延时
1	1	1	0	0	1	1	1	0xE7	VL3、VL4 灯亮，延时
1	1	1	0	0	1	1	1	0xE7	VL3、VL4 灯亮，延时
1	1	0	1	1	0	1	1	0xDB	VL2、VL5 灯亮，延时
1	0	1	1	1	1	0	1	0xBD	VL1、VL6 灯亮，延时
0	1	1	1	1	1	1	0	0x7E	VL0、VL7 灯亮，延时

参考程序请扫描右侧二维码或下载本书电子配套资料查看（下载方法见内容简介）。

 小锦囊

"|" 是位或运算符，"||" 是逻辑或运算符。

任务评价

见附录。

知识链接

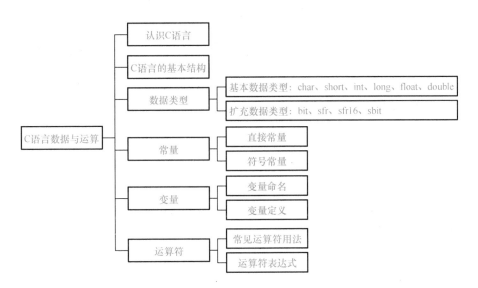

1.2.1　认识 C 语言

我们一起来认识一下本任务中指定效果指示灯设计的 C 语言程序 ex1_3.c。

第 1、2 行：对程序进行简要说明，包括程序名称和功能。"//" 是单行注释符号，通常用从该符号开始直到一行结束的内容来说明相应语句的意义，或者对重要的代码行、段落进行提示，方便程序的编写、调试、维护工作，提高程序的可读性。程序在编译时，不对这些注释内容做任何处理。

小提示

C 语言的另一种注释符号是"/* */"。在程序中可以使用这种成对注释符进行多行注释，注释内容从"/*"开始，到"*/"结束，中间的注释文字可以是多行文字。

第 3 行：这是 C 语言的程序预处理部分——文件包含语句，表示把语句中指定文件的全部内容复制到此处，与当前的源程序文件链接成一个源文件。

"#include <reg51.h>"语句中指定包含的文件"reg51.h"是 Keil C51 编译器提供的头文件，保存在文件夹"Keil\c51\inc"下，该文件包含了对 51 单片机 SFR 和部分位名称的定义。

在"reg51.h"文件中定义了下面语句：

```
sfr P3=0xB0;
```

该语句定义了符号 P3 与 51 单片机内部 P3 口地址 0xB0 对应。ex1_3.c 程序中包含头文件"reg51.h"的目的，是为了通知编译器，程序中所用的符号 P3 是指 51 单片机的 P3 口。

小经验

在 C51 程序设计中，我们可以把"reg51.h"头文件包含在自己的程序中，直接使用已定义的 SFR 名称和位名称，例如符号 P3 表示并行端口 P3，也可以直接在程序中自行利用关键字 sfr 和 sbit 来定义这些特殊功能寄存器和位名称。

如果需要使用"reg51.h"文件中没有定义的 SFR 或位名称，可以自行在该文件中添加定义，也可以在源程序中定义。例如，我们自行定义下面的位名称：

sbit led=P1^0;   //led 表示 P1 中的 P1.0 引脚

第 4 行：宏定义，用 LED 代替 P3 口。

第 5 行：定义符号常量，用 TIME 代替 30000。

第 6 ～ 9 行：定义函数 delay（）。delay（）函数的功能是延时，用于控制发光二极管的闪烁速度。

小提示

① 发光二极管的闪烁过程实际上就是发光二极管交替亮灭的过程，单片机运行一条指令的时间只有几微秒，时间太短，眼睛无法分辨，看不到闪烁效果。

② 延时函数在很多程序设计中都会用到，这里的延时函数 delay（）使用了 while 循环，循环次数由形式参数 i 提供，循环体是空操作。

第 10 ～ 28 行：定义主函数 main（）。main（）函数是 C 语言中必不可少的主函数，也是程序开始执行的函数。

🔍 **小经验**

在 C 语言中，函数遵循先定义、后调用的原则。

如果源程序中包括很多函数，通常在主函数的前面集中声明这些函数，然后再在主函数后面——进行定义，这样编写的 C 语言源代码可读性好，条理清晰，易于理解。

1.2.2　C 语言的基本结构

通过对 ex1_3.c 源程序的分析，我们可以了解到 C 语言的结构特点、基本组成和书写格式。

C 语言程序以函数形式组织程序结构，C 语言中的函数与其他语言中所描述的 "子程序" 或 "过程" 的概念是一样的。

一个 C 语言源程序是由一个或若干个函数组成的，每一个函数完成相对独立的功能。每个 C 程序都必须有且仅有一个主函数 main（），程序的执行总是从主函数开始，并在调用其他函数后返回主函数 main（），不管函数的排列顺序如何，最后在主函数中结束整个程序。

一个函数由两部分组成：函数定义和函数体。

函数定义部分包括函数类型、函数名、函数属性、函数参数（形式参数）名、参数类型等。对于 main（）函数来说，main 是函数名，函数名前面的 void 说明函数的类型（空类型，表示没有返回值），函数名后面必须跟一对圆括号，圆括号里面是函数的形式参数定义，这里 main（）函数没有形式参数。

main（）函数后面一对大括号内的部分称为函数体，函数体由定义数据类型的说明部分和实现函数功能的执行部分组成。

对于 ex1_3.c 源程序中的延时函数 delay（），第 6 行是函数定义部分：

```
void delay(unsigned int i)
```

定义该函数名称为 delay，函数类型为 void，形式参数为无符号整型变量 i。

第 7 ～ 9 行是 delay（）函数的函数体。关于函数的详细介绍参见项目 1 任务 5。

1.2.3　数据类型

数据是计算机操作的对象，任何程序设计都要进行数据处理。具有一定格式的数字或数值称为数据，数据的不同格式称为数据类型。

在 C 语言中，数据类型可分为：基本数据类型、构造数据类型、指针类型、空类型四大类。C 语言数据类型分类如下。

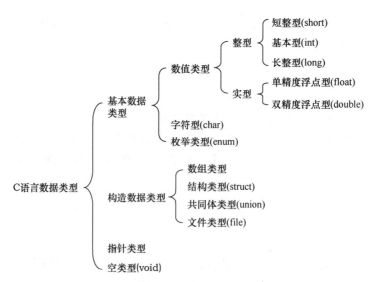

在进行 C 语言程序设计时，可以使用的数据类型与编译器有关。在 Keil C51 编译器中整型（int）和短整型（short）相同，单精度浮点型（float）和双精度浮点型（double）相同。表 1-10 列出了 Keil C51 编译器所支持的数据类型。

表 1-10　Keil C51 编译器所支持的数据类型

数据类型	名称	长度	值域
unsigned char	无符号字符型	1B	0 ～ 255
signed char	有符号字符型	1B	−128 ～ +127
unsigned int	无符号整型	2B	0 ～ 65535
signed int	有符号整型	2B	−32768 ～ +32767
unsigned long	无符号长整型	4B	0 ～ 4294967295
signed long	有符号长整型	4B	−2147483648 ～ +2147483647
float	浮点型	4B	± 1.175494E−38 ～ ± 3.402823E+38
*	指针型	1 ～ 3B	对象的地址
bit	位类型	1bit	0 或 1
sfr	特殊功能寄存器	1B	0 ～ 255
sfr16	16 位特殊功能寄存器	2B	0 ～ 65535
sbit	可寻址位	1bit	0 或 1

注：数据类型中 bit、sfr、sfr16、sbit 为 C51 扩充数据类型。

（1）整型数据　对于整型数据，可以把它理解为整数，该型数据没有小数部分。在具体的使用中，按照所占存储空间的长度，整型数据可以分为基本型、短整型、长整型，关键字分别为 int、short、long；按照有无符号位，各种整型数据还有无符号的形式，即在对应关键字前加 unsigned。

需要注意的是，C 语言标准中并没有具体规定各类数据需要占用的字节长度，所以对于不同的程序编写环境，各种数据的长度有所不同。

在 C 语言程序的编写中，对于整型数据可以使用十进制、八进制或十六进制来表示。

使用十进制表示整型数据可直接按十进制表示方式输入，使用八进制和十六进制时则需要在数据前加标注。在数据前加 "0"（数字零），即表示输入的是八进制整型数据，如 0123，即表示八进制数 123，相当于十进制的 83。在数据前加 "0x"（x 字母大小写均可，前面的符号为数字零），即表示输入的是十六进制整型数据，如 0xC2，即表示十六进制数 C2。

（2）实型数据   实型数据可以理解为可以带小数的数据，也常被称为浮点型数据。实型数据可以分为单精度浮点型和双精度浮点型，其关键字分别为 float 和 double，其占用的字节数随精度不同而不同。

常见的编程环境中，float 数据会占用 4 字节，有效数字为 7 位；double 数据会占用 8 字节，有效数字为 15 位。

实型数据的表示方式有两种：十进制形式和指数形式。

使用十进制形式表示实型数据时，数据分为整数部分和小数部分。如：1.35，0.57 等。如果使用的实型数据没有小数部分，小数点可以省略。

使用指数形式表示实型数据时，指数部分用字母 E 或 e 加其后的数字来表示，其中，幂的基数默认为 10，e 后面的数字即为幂指数，只能为正或者负的整数，不能为小数。当幂指数为正整数时，"+" 号可以不写。例如：实型数据 54300 可以表示为 5.43e4，实型数据 −0.034 可以表示为 −3.4e−2。

（3）字符型数据   表示字符型数据的关键字为 char，字符型数据包括字符和字符串两种，转义字符则是字符的特殊使用形式。

字符的表示形式为单引号下的一个字符，如 'a'。单个字符型数据在存储时是以 ASCII 码的形式存放的。每个字符占 1 字节，比如字符 'A' 在其存储的字节中存放的内容就是其 ASCII 码 65。

要特别注意单个数字的字符型数据和整型数据之间的区别，例如字符型数据 '9' 和整型数据 9。从存储单元来讲，在 Keil C51 环境中，会为字符型数据 '9' 分配 1 字节（8 位）的存储空间，而对于整型数据 9，会为其分配 2 字节的存储空间。从存储的内容来讲，字符型数据 '9'，在其存储空间中存放的内容是 01010111B，即 57，为字符 '9' 的 ASCII 码。而整型数据 9 在其存储空间中存放的内容是 0000000000001001B，即 9。

同样需要注意的是，在 C 语言中字符也可直接参与运算，参与运算的值即是它的 ASCII 码。

字符串可以看作是一些单个字符的集合，字符串的表示形式为双引号下的几个字符，如 "hello"。C 语言在对字符串常量进行存储时，会自动在最后再加上一个用来表示字符串结束的字节，该字节的值为 0，用 "\0" 来表示，即空字符（ASCII 码为 0）。加空字符的好处是在对字符串进行读取或输出时，可以通过对空字符的识别来判断读取或输出是否结束，而不用事先对字符串的长度进行说明。

（4）位类型（bit）   它的值是一个二进制位，只有 0 或 1。利用它可定义一个位类型变量，但不能定义位指针，也不能定义位数组。例如：

```
bit m;
```

（5）特殊功能寄存器（sfr）　MCS–51 系列单片机内部定义了 21 个特殊功能寄存器，它们不连续地分布在内部 RAM 的高 128 字节中，地址为 80H ～ FFH。

sfr 也是单片机 C 语言扩展的一种数据类型，占用一个字节，值域为 0 ～ 255。利用它可以访问单片机内部所有的 8 位特殊功能寄存器。

用 sfr 定义特殊功能寄存器地址的格式为

```
sfr 特殊功能寄存器名 = 特殊功能寄存器地址;
```

特殊功能寄存器名在 reg51.h 这个头文件里面已经定义好了，所以平时可不用自定义寄存器的名字。

（6）可寻址位（sbit）　sbit 也是单片机 C 语言的一种扩充数据类型，利用它可以访问单片机内部 RAM 中的可寻址位或特殊功能寄存器中的可寻址位，在给某个引脚取名的时候经常会用到。例如：

```
sbit led=P1^0;            //led 表示 P1 中的 P1.0 引脚
```

sbit 定义的格式如下：

```
sbit 位名称 = 位地址;
```

1.2.4　常量

在 C 语言的程序中，有些数据在程序运行时其值不变，这些数据称为常量。在单片机的 C 语言程序中，会在存放程序代码的 ROM 中为常量分配两个地址，将数据值存储于其中，在程序运行时，只能对其值进行调用而不能对其进行修改。常量可以分为直接常量和符号常量。

（1）直接常量　直接常量即将数据直接引用，如定义一个字符常量 a：

```
char'a';
```

（2）符号常量　符号常量是用一个字符串来表示一个常量。符号常量需要使用专门的预处理命令在程序的开头进行定义，其常用形式如下：

```
#define 标识符 常量
```

例如：

```
#define PI 3.1415     // 在后面的程序中,PI 即表示常量 3.1415
```

使用符号常量的好处是在程序中可以用两个字符串表示数据，如果数据较长，可以方便输入，同时如果要对数据进行修改，只需修改对应的预处理命令即可，不需要在程序中逐个修改。

在符号常量的使用中，标识符可以在符合 C 语言规定（不能是关键字，由字母、下划线和数字组成，但不能以下划线开头）的前提下任意选择，大小写均可，但是为了程序的易读性，一般将符号常量标识符中的字母用大写进行表示，其常用形式如下：

```
#define <宏名> <字符串>
```

例如 ex1_3.c 程序中：

```
#define LED P3                      // 宏定义，用 LED 代替 P3 口
#define TIME 30000                  // 定义符号常量，用 TIME 代替 30000
#define  uint  unsigned int         // 用 uint 代替 unsigned int
#define  uchar  unsigned char       // 用 uchar 代替 unsigned char
```

宏定义一般是放在程序的预编译部分，其作用域就是从宏定义命令起到源程序结束，如果中间要终止其作用域，可以使用"#undef"命令。

宏定义只是纯粹的替换和展开。宏定义不是说明或语句，所以在行末不用加分号，如果加上了分号，替换时连分号也一起替换。

1.2.5 变量

在程序运行时其数据会发生改变的量，称为变量。单片机 C 语言程序会在 RAM 中为变量分配一个地址，用于存储其当前的数据，这个地址中的内容可以修改，变量的值不固定，所以需要用一个变量名对其进行表示。在使用变量之前，需要先进行定义，确定变量名。这个变量名在编译时会对应一个 RAM 中的存储单元，存储单元中的数据即为这个变量的值。

变量命名遵循标识符命名规则：

1）有效字符：只能由大写字母、小写字母、数字和下划线组成，且以字母或下划线开头。

2）C 语言的关键字不能用作标识符名，32 个关键字见表 1-11。

表 1-11　C 语言的 32 个关键字

数据类型	基本数据类型（5 个）	Void、char、int、float、double
	类型修饰关键字（4 个）	short、long、signed、unsigned
	复杂类型关键字（4 个）	struct、union、enum、typedef
	运算符关键字（1 个）	sizeof
	存储级别关键字（6 个）	auto、static、register、extern、const、volatile
流程控制关键字	跳转结构（4 个）	return、continue、break、goto
	分支结构（5 个）	if、else、switch、case、default
	循环结构（3 个）	for、do、while

小锦囊

变量命名规则口诀：标识符名很简单，字母数字下划线，字母区分大小写，非数打头非关键。

3）标识符命名的软件工程要求——见名知义。

所谓"见名知义"是指通过标识符名就知道标识符所代表的含义。

方法：英文单词（或缩写），或汉语拼音字头。

例如：name/xm（姓名）、sex/xb（性别）、age/nl（年龄）、salary/gz（工资）。
例如：

```
float    temperature;       // 定义浮点型变量 temperature, 存放温度值
float    temperature,height,weight;
```

变量必须先定义，后使用。
变量定义格式：

[存储类型] 数据类型 变量名 [，变量名 2，…]；

例如：

```
int a;    // 定义了一个整型变量，变量名为 a
```

同一类型的变量可以一起定义，基本形式为

数据类型 标识符 1，标识符 2，…；

例如：

```
unsigned char a,b,c；// 定义了 3 个无符号字符变量，变量名分别为 a、b、c
```

进行变量定义时，应注意以下几点：
① 允许在一个数据类型标识符后，说明多个相同类型的变量，各变量名之间用逗号隔开。
② 数据类型标识符与变量名之间至少用一个空格隔开。
③ 最后一个变量名必须以分号结尾。
④ 变量定义必须放在变量使用之前，一般放在函数体的开头部分。
⑤ 在同一个程序中变量不允许重复定义为不同类型。
例如：

```
unsigned int x,y,z;
int a,b,x;
```

在定义变量的同时可以给变量赋初值，称为变量初始化。
变量初始化格式：

数据类型 变量名 [= 初值][，变量名 2 [= 初值 2]，…]；

例如：

```
int i=4,j,s=5;
float x=0,y=0,z=0;
char ch=' a ';
long int a=1000,b;
```

1.2.6 运算符

C 语言有非常丰富的运算符，运算符和其运算对象组合在一起即为表达式（一个常量

或者一个变量也是表达式）。这些运算符和其构成的表达式赋予了 C 语言强大的运算和描述功能。

C 语言中的运算符和表达式按功能可以分为以下几类。

1. 算术运算符

算术运算符用来进行数值的运算，算术运算符及其功能见表 1-12。

表 1-12　算术运算符及其功能

算术运算符	功能
+	加
–	减
*	乘
/	除
%	求余（取两数相除后所得的余数）
++	自增
––	自减

① 除法运算符 "/" 用于两个整数相除，其商为整数，小数部分被舍弃。如果运算量中有一个是实型，则结果为双精度浮点型。

例如：5/2=2，22.0/4=5.5。

② 求余运算符 "%" 要求两个操作数均为整型，结果为两数相除所得的余数。

注：求余运算的两个操作数必须是整数。

例如：8%5=6，25%10=5。

③ 自增运算符 "++" 和自减运算符 "––"，作用是使变量值自动加 1 或减 1。自增运算符和自减运算符只能用于变量而不能用于常量。运算符放在变量前和变量后是不同的。

后置运算：i++（或 i––）是先使用 i 的值，再执行 i+1（或 i–1）。

前置运算：++i（或 ––i）是先执行 i+1（或 i–1），再使用 i 的值。

例如：

```
int i=100,j;
j=++i;          //j=101,i=101
j=i++;          //j=101,i=102
```

编程时常将 "++"、"––" 这两个运算符用于循环语句中，使循环变量自动加 1；也常用于指针变量，使指针变量自动加 1 指向下一个地址。建议尽量避免 "++" "––" 和其他运算符用在一起，以防出错；单独使用的 "++i" 和 "i++"，结果都是把 i 的值加 1。

2. 赋值运算符

1) 一般赋值运算符。一般赋值运算符的符号为 "="，赋值运算将 "=" 右边表达式的值赋给 "=" 左边的变量。用 "=" 将变量和表达式连接起来即为赋值表达式。

例如：

> y=a+b；

该表达式会先运算出表达 a+b 的值，然后将值存到变量 y 中。

2）复合赋值运算符。将二目（参与运算的量为两个）运算符和一般赋值运算符写在一起，即为复合赋值运算符。复合赋值运算符用在变量本身也参与的一些运算中。

常用的复合赋值运算符有：

> +=，-=，*=，/=，%=，<<=，>>=，&=，|=，^=。

例如：

表达式 a+=3，相当于 a=a+3。

表达式 a*=（b+5），相当于 a=a*（b+5）。

在程序编译时，使用复合赋值运算符的表达式生成的代码，比使用一般赋值运算符的表达式生成的代码效率要高，所以如果有可能，应多用复合赋值运算符。

3. 关系运算符

关系运算符（比较运算符）用来进行数据的比较运算，关系运算符及其含义见表 1-13。

表 1-13　关系运算符及其含义

关系运算符	含义
<	小于
<=	小于或等于
>	大于
>=	大于或等于
==	等于（两个"="之间没有空格）
!=	不等于

关系运算符和运算对象组合在一起，即为关系表达式，如：a>b，b==0。

对关系表达式进行运算后，表达式会得出一个值。如果表达式成立，表达式的值为 1；如不成立，表达式的值为 0。

4. 逻辑运算符

关系表达式只能描述单一条件。如果需要同时描述多个条件，就要借助于逻辑表达式。逻辑运算符及其作用见表 1-14。

表 1-14　逻辑运算符及其作用

逻辑运算符	作用
&&	逻辑与运算
||	逻辑或运算
!	逻辑非运算

逻辑表达式的值和关系表达式一样，其运算结果也只有 0 和 1（假和真）之分。

5. 位运算符

在 51 单片机应用系统设计中，对 I/O 端口的操作是非常频繁的，因此往往要求程序在位（bit）一级进行运算或处理，因此，编程语言要具有强大灵活的位处理能力。C51 语言直接面对 51 单片机硬件，提供了强大灵活的位运算能力，使得 C 语言也像汇编语言一样对硬件直接进行操作。C51 提供的 6 种位运算符及其作用见表 1-15。

表 1-15   位运算符及其作用

位运算符	作用
&	按位与
|	按位或
^	按位异或
~	按位取反
<<	左移
>>	右移

位运算符的作用是按二进制位对变量进行运算，表 1-16 是位运算符的真值表。

表 1-16   位运算符的真值表

位变量 1	位变量 2	位运算				
a	b	~a	~b	a&b	a|b	a^b
0	0	1	1	0	0	0
0	1	1	0	0	1	1
1	0	0	1	0	1	1
1	1	0	0	1	1	0

小经验

按位与运算通常用来对某些位清零或保留某些位。例如，要保留从 P3 端口的 P3.1 和 P3.2 读入的两位数据，可以执行 "control=P3&0x03；" 操作（0x03 写成二进制数为 00000011B）；而要使 P1 端口的 P1.4 ~ P1.7 为 0，可以执行 "P1&=0x0F；" 操作（0x0F 写成二进制数为 00001111B）。

同样，按位或运算经常用于把指定位置 1、其余位不变的操作。

左移运算符 "<<" 用来将参与运算的一个数的各位全部向左移（高位方向）若干位，每移动 1 位，最高位丢弃，最低位补 0。其表达式的一般形式为

    变量 << 移动的位数

例如：

```
a=0x01;
a=a<<1;
```

将 a 的各位向左移 1 位，最低位补 0，最高位丢弃，结果重新赋给 a，过程如下：

原 a=0x01（00000001B），左移 1 位后，a=0x02（00000010B）。

需要了解的是，左移 1 位后，a 的值为原值乘以 2（前提是 a 为无符号数），所以左移常用来进行乘以 2n 的操作，左移 n 次即相当于乘以 2n。相对于乘法运算，使用左移运算符的程序执行效率要高一些。

右移运算符 ">>" 用来将参与运算的一个数的各位全部向右移（低位方向）若干位，每移动 1 位，最高位补 0，最低位丢弃。其表达式的一般形式为

变量 >> 移动的位数

例如：

```
a=0x80
a=a>>1              // 将 a 向右移动 1 位，得到 01000000B(0x40)
```

右移和左移类似，只是方向不同，而且同样的，右移 1 位相当于除以 2。

习题训练

任务 3 AGV 指示灯设计与制作

任务描述

▶▶ 基础任务

模拟企业 AGV（Automated Guided Vehicle，自动导引车）指示灯控制。用两个 LED 来模拟 AGV 左转灯和右转灯，用单片机的 P1.0 和 P1.1 引脚控制 LED 的亮灭状态；用两个连接到单片机 P3.0 和 P3.1 引脚的拨动开关 S0、S1，模拟发出左转、右转命令。

▶▶ 进阶任务

模拟 AGV 双闪灯。当按键按下奇数次时，LED 闪烁；当按键按下偶数次时，LED 熄灭。

任务目标

知识目标	1. 掌握 if、if-else、if-else-if、switch 语句的格式 2. 掌握使用单片机读取按键状态的方法 3. 掌握消除按键抖动的方法 4. 掌握检测按键状态的方法 5. 掌握流程图的绘制方法

能力目标	1. 会使用 if、if-else、if-else-if、switch 语句编写 AGV 指示灯程序 2. 会绘制流程图 3. 能设计按键与单片机连接的硬件电路 4. 能编写按键检测程序 5. 能编写按键去抖程序
素质目标	1. 通过编写与调试 AGV 左右转向灯控制程序，强调代码编写规范，培养认真细致、精益求精的工匠精神 2. 通过 AGV 转向灯软硬联调，养成检测、反馈与调整的职业习惯

任务实施

任务工单见附录。

基础任务

1. 硬件设计

硬件电路设计及元器件选择参考如下：

根据任务要求，将两个拨动开关分别接到单片机的 P3.0 和 P3.1 引脚，分别模拟控制左转向灯开关 S0 和控制右转向灯开关 S1。将两个发光二极管分别接到单片机的 P1.0 和 P1.1 引脚，分别模拟左转向灯 VL1 和右转向灯 VL2，两个发光二极管采用共阳极的连接方式。元器件列表见表 1-17。

表 1-17　元器件列表

序号	元器件名称	型号 / 规格	数量	Proteus 中的名称
1	单片机	STC89C52	1	用 AT89C51 代替 STC89C52
2	陶瓷电容器	22pF	2	CAP
3	晶振	12MHz	1	CRYSTAL
4	电解电容	22μF	1	CAP-ELEC
5	电阻	10kΩ	1	RES
6	按钮		1	BUTTON
7	拨动开关		2	SW-SPDT
8	发光二极管		2	LED-RED
9	电阻	4.7kΩ	2	RES
10	电阻	220Ω	2	RES

控制电路图如图 1-20 所示。

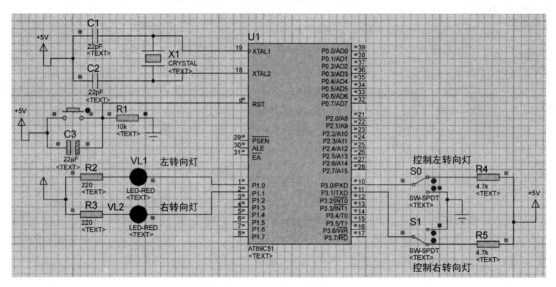

图 1-20　控制电路图

2. 软件设计

参考程序 1 (ex1_5.c)：

```c
// 程序 :ex1_5.c
#include <reg51.h>
sbit left_led=P1^0;                 // 定义左转向灯
sbit right_led=P1^1;                // 定义右转向灯
sbit left_sw=P3^0;                  // 定义控制左转向灯开关
sbit right_sw=P3^1;                 // 定义控制右转向灯开关
void delay(unsigned char i);        // 延时函数声明
void main( )
{
    while(1)
{
if(left_sw==0)                      // 判断控制左转向灯开关,left_sw 为 0 表示
                                    // 开关闭合
{
left_led=0;                         // 点亮左转向灯
}
if(right_sw==0)                     // 判断控制右转向灯开关,right_sw 为 0
                                    // 表示开关闭合
{
right_led=0;                        // 点亮右转向灯
}
delay(200);
left_led=1;                         // 熄灭左转向灯
```

```
    right_led=1;                        // 熄灭右转向灯
    delay(200);
    }
    }
void delay(unsigned char i)            // 延时函数定义
{
    unsigned char j,k;
    for(k=0;k<i;k++)
for(j=0;j<255;j++);
    }
```

参考程序 2（ex1_6.c）：请扫描右侧二维码或下载本书电子配套资料查看。

参考程序 3（ex1_7.c）：请扫描右侧二维码或下载本书电子配套资料查看。

参考程序 4（ex1_8.c）：请扫描右侧二维码或下载本书电子配套资料查看。

▶▶ 进阶任务

1. 硬件设计

硬件电路设计及元器件选择参考如下：

根据任务要求，将一个按钮接到单片机的 P3.0 引脚，模拟控制两个 LED VL1 和 VL2。用两个 LED VL 分别接到单片机 P1.0、P1.1 引脚，分别模拟左转向灯 VL1 和右转向灯 VL2，采用共阳极的连接方式。元器件列表见表 1-18。

表 1-18　元器件列表

序号	元器件名称	型号 / 规格	数量	Proteus 中的名称
1	单片机	STC89C52	1	用 AT89C51 代替 STC89C52
2	陶瓷电容器	22pF	2	CAP
3	晶振	12MHz	1	CRYSTAL
4	电解电容	22μF	1	CAP–ELEC
5	电阻	10kΩ	1	RES
6	按钮		2	BUTTON
7	发光二极管		2	LED–RED
8	电阻	100Ω	2	RES
9	电阻	220Ω	2	RES

控制电路图如图 1-21 所示。

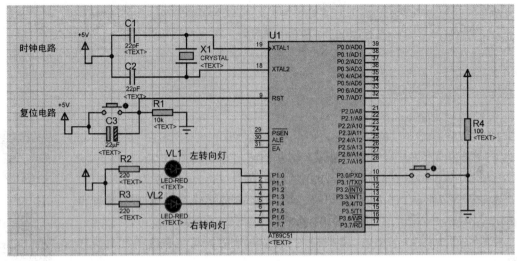

图 1-21 　控制电路图

2. 软件设计

参考程序请扫描右侧二维码或下载本书电子配套资料查看。

✖ 任务评价

见附录。

✖ 知识链接

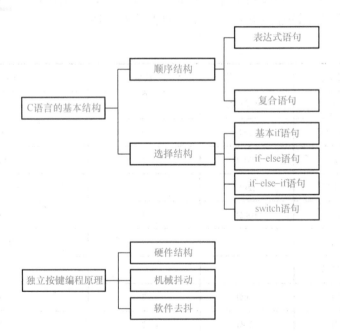

1.3.1 　顺序结构

顺序结构是按照程序语句书写的顺序一步一步依次执行，这就像一个人顺着一条直路走下去，不回头不转弯。顺序结构包括表达式语句和复合语句。

表达式是由运算符及运算对象所组成的、具有特定含义的式子。C 语言是一种表达式语言，表达式后面加上分号"；"就构成了表达式语句。

其一般形式如下：

表达式；

复合语句是把多个语句用大括号括起来，组合在一起形成具有一定功能的模块，是由若干条语句组合而成的语句。

用顺序结构实现模拟 AGV 指示灯控制的程序流程如图 1-22 所示。

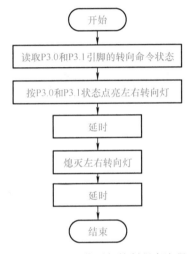

图 1-22　AGV 指示灯控制程序流程

参考程序如下：

```c
#include <reg51.h>
sbit left_led=P1^0;              // 定义左转向灯
sbit right_led=P1^1;             // 定义右转向灯
sbit left_sw=P3^0;               // 定义控制左转向灯开关
sbit right_sw=P3^1;              // 定义控制右转向灯开关
void delay(unsigned char i)
void main( )
{
    bit left,right;
    while(1)
    {   left= left_sw;
        right= right_sw;
        left_led =left;
        right_led =right;
        delay(200);
        left_led =1;
        right_led =1;
```

```
        delay(200);
    }
}
void delay(unsigned char i)
{
    unsigned char j,k;
    for(k=0;k<i;k++)
    for(j=0;j<255;j++);
}
```

1.3.2 选择结构

1. if 语句

选择结构程序是对给定条件进行判断，并根据判断结果选择应执行的操作的程序。C语言中常用的选择语句有 if 语句和 switch 语句两种。

if 语句在使用中有 3 种不同的形式。

（1）单分支语句

```
if（表达式）
{
语句 1；
}
后续语句；
```

上面形式的程序执行步骤如下：

1）先计算表达式。

2）如果表达式为真（表达式的值为非 0 值），执行语句 1；如果表达式为假（表达式的值为 0），则无操作，程序会接着执行后续语句。

需要了解的是，这里的表达式可以是任意的形式，这里的语句也可以是任意语句或者更为复杂的程序结构。后面涉及这些表达式和语句的概念也都是一样的，执行语句是复合语句或其他程序段时，要用大括号"{}"将其括起来。单分支结构执行过程如图 1-23 所示。

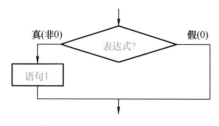

图 1-23 单分支结构执行过程

用 if 语句实现的 AGV 指示灯控制流程图及延时函数流程图分别如图 1-24 和图 1-25 所示。

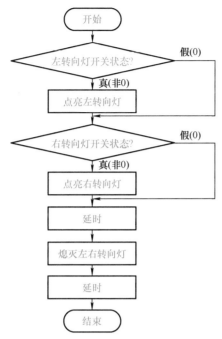

图 1-24　AGV 指示灯控制流程图

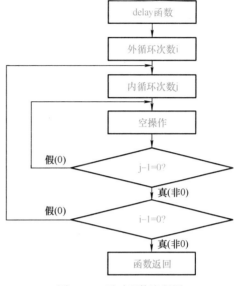

图 1-25　延时函数流程图

if 语句部分程序如下：

```
if(left_sw==0)              // 判断控制左转向灯开关, left_sw 为 0 表示开关闭合
{
left_led=0;                 // 点亮左转向灯
}
if(right_sw==0)             // 判断控制右转向灯开关, right_sw 为 0 表示开关闭合
{
right_led=0;                // 点亮右转向灯
}
```

完整程序参见程序 ex1_5.c。

📚 **小锦囊**

在使用基本 if 语句时，一定要注意以下几项。

① 在 if 语句中，表达式必须用括号括起来。

② 在 if 语句中，大括号里面的语句组如果只有一条语句，可以省略大括号，例如 "if（left_sw==0）left_led=0；"。但是为了提高程序的可读性和防止程序书写错误，建议大家在任何情境下，都加上大括号。

（2）双分支语句　if-else 语句的一般格式如下：

```
if（表达式）
{
```

```
语句组1;
}
else
{
语句组2;
}
语句组3;
```

if-else 语句的执行过程：当表达式的结果为真时，执行其后的语句组 1，否则执行语句组 2。双分支结构执行过程如图 1-26 所示。

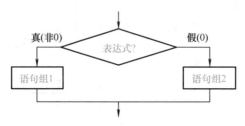

图 1-26　双分支结构执行过程

小锦囊

if-else 语句使用过程中的注意事项如下。

① else 语句是 if 语句的子句，它是 if 语句的一部分，不能单独使用。

② else 语句总是与它上面最近的 if 语句相配对。

用 if-else 语句实现 AGV 指示灯控制的部分程序如下：

```
if(left_sw==0)          // 判断控制左转向灯开关,left_sw 为 0 表示开关闭合
{
left_led=0;             // 点亮左转向灯
}
else                    // 否则,left_sw 为 1 表示开关断开
{
left_led=1;             // 熄灭左转向灯
}
if(right_sw==0)         // 判断控制右转向灯开关,right_sw 为 0 表示开关闭合
{
right_led=0;            // 点亮右转向灯
}
else                    // 否则,right_sw 为 1 表示开关断开
{
right_led=1;            // 熄灭右转向灯
}
```

完整程序参见程序 ex1_6.c。

（3）多分支语句　if-else-if 语句是由 if-else 语句组成的嵌套语句，用于实现多个条件分支的选择，一般格式如下：

```
if( 表达式 1)
{
语句组 1;
}
else if( 表达式 2)
{
语句组 2;
}
...
else if( 表达式 n)
{
语句组 n;
}
else
{
语句组 n+1;
}
```

执行该语句时，依次判断表达式 i（i 的值为 1 ~ n）的值，当表达式 i 值为真时，执行其对应的语句组 i，并跳过剩余的 if 语句组，继续执行下面的一个语句。如果所有表达式的值均为假，则执行最后一个 else 后的语句组 n+1，然后再继续执行下面的一个语句。多分支结构执行过程如图 1-27 所示。

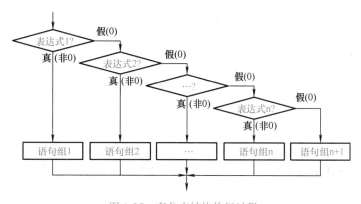

图 1-27　多分支结构执行过程

例如：用 if-else-if 语句实现 AGV 指示灯控制的部分程序如下：

```
if(left_sw==0&&right_sw==0)              // 控制左右转向灯开关同时闭合
{
    left_led=0;                          // 点亮左转向灯
    right_led=0;                         // 点亮右转向灯
    delay(200);
    left_led=1;                          // 熄灭左转向灯
```

```
        right_led=1;                          // 熄灭右转向灯
        delay(200);
    }
        else if(left_sw==0)                   // 控制左转向灯开关闭合
        {
            left_led=0;                       // 点亮左转向灯
            delay(200);
            left_led=1;                       // 熄灭左转向灯
            delay(200);
        }
    else if(right_sw==0)                       // 控制右转向灯开关闭合
    {
        right_led=0;                          // 点亮右转向灯
        delay(200);
        right_led=1;                          // 熄灭右转向灯
        delay(200);
    }
    else
    {
        ;
    }
```

完整程序参见程序 ex1_7.c。

if 语句的嵌套匹配原则如下。

1）if 语句的嵌套：在语句组 1 或（和）语句组 2 中，又包含 if 语句的情况。

```
if(表达式)      // 必须用“("和")”括起来
{
  语句组 1;     // 语句组仅有一条语句时，也可不使用复合语句形式（即去掉大括号）
}
else           //if 语句的一部分，必须与 if 配对使用
{
  语句组 2;
}
```

2）else 子句与 if 的匹配原则：与在它上面、距它最近且尚未匹配的 if 配对。

2. switch 语句

if 语句一般用在单一条件或分支数目较少的场合，如果使用 if 语句来编写超过 3 个以上分支的程序，就会降低程序的可读性。C 语言提供了一种用于多分支选择的 switch 语句，一般形式如下：

```
switch(表达式)
{
case 常量表达式 1：语句组 1;break;
case 常量表达式 2：语句组 2;break;
```

```
     ...
     case 常量表达式 n:语句组 n;break;
     default:语句组 n+1;
     }
```

该语句的执行过程是：首先计算表达式的值，并逐个与 case 后常量表达式的值相比较，当表达式的值与某个常量表达式的值相等时，则执行对应常量表达式后的语句组，再执行 break 语句，跳出 switch 语句的执行，继续执行下面的语句。如果表达式的值与所有 case 后常量表达式的值均不相同，则执行 default 后的语句组。

break 语句的功能是跳出当前的程序结构，如果程序执行到了 break 语句，就会结束整个 switch 语句，接着执行后面的程序。所以在上面形式的 switch 语句中，每次执行都只会运行一组语句序列，功能与"if-else"相似，但其结构会更清晰。

用 switch 语句实现 AGV 指示灯控制的部分程序如下：

```
unsigned char sw;
sw=P3;                  // 读 P3 的状态送到 sw 变量
switch(sw)
{
    case 0xFC: left_led=0;right_led=0;break;      // 同时点亮左右转向灯
    case 0xFD: right_led=0;break;                 // 点亮右转向灯
    case 0xFE: left_led=0;break;                  // 点亮左转向灯
    default: ;              // 空语句，什么都不做
}
```

完整程序参见程序 ex1_8.c。

1.3.3　独立按键编程原理

在单片机应用系统中，往往要使用按钮、开关或键盘对系统进行控制。在系统比较简单的情况下，只要几个开关就可以实现。如紧急停机按钮、部件到位的行程开关、变速开关等，可把开关直接接到 I/O 口，这就是独立式按键，其硬件结构如图 1-28 所示。

在电路中，图 1-28 中的按键分别与单片机的 P0.0 ～ P0.3 相连，按键输入一般为低电平有效。因此，按键的一端与地相连，当有键按下时，相连的 P0 口线便会出现低电平；当没有键按下时，P0 口外部的上拉电阻保证了各口线的输入均为高电平。对于内部有上拉电阻的芯片，可不接上拉电阻。

机械式按键在按下或释放时，由于机械弹性作用的影响，通常伴随有一定时间的触点机械抖动，然后其触点才稳定下来，抖动时间一般为 5 ～ 10ms。按键触点的机械抖动如图 1-29 所示。在触点抖动期间检测按键的通断状态，可能导致判断出错。

按键的机械抖动可采用如图 1-30 所示的硬件去抖电路来消除，但由于成本高的原因，一般不采用硬件去抖，而采用软件方法去抖。

软件去抖编程思路如下：在检测到有键按下时，先执行 10ms 左右的延时程序，然后再重新检测该键是否仍然按下，以确认该键按下不是由抖动引起的。同理，在检测到该键释放时，也采用先延时再判断的方法来消除抖动的影响。软件去抖流程图如图 1-31 所示。

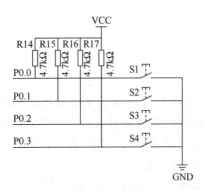

图 1-28 独立式按键的硬件结构

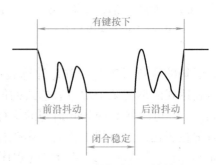

图 1-29 按键触点的机械抖动

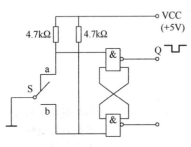

图 1-30 硬件去抖电路

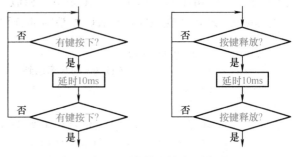

图 1-31 软件去抖流程图

软件去抖程序段如下：

```
if(s1==0)                          // 第一次检测到按键 S1 按下
{
    delay(1200);                   // 延时 10ms 去抖
    if(s1==0)                      // 再次检测到 S1 按下
    {
        …                          // 按键功能实现
    while(!s1);                    // 有键释放，跳出 while 循环
    delay(1200);                   // 延时 10ms 去抖
    while(!s1);                    // 再次判断是否有键释放
    }
}
void delay(unsigned int i)         // 延时函数定义
{
    unsigned int k;
    for(k=0;k<i;k++);
}
```

拓展提高

键控多种花样 LED 显示的设计要求：通过 4 个按键控制 LED 在 4 种显示模式之间切换。4 种显示模式如下。

① 全亮。

② 交叉亮灭。

③ 高 4 位亮，低 4 位灭。

④ 低 4 位亮，高 4 位灭。

1. 硬件设计

键控多种花样 LED 显示控制电路如图 1-32 所示。

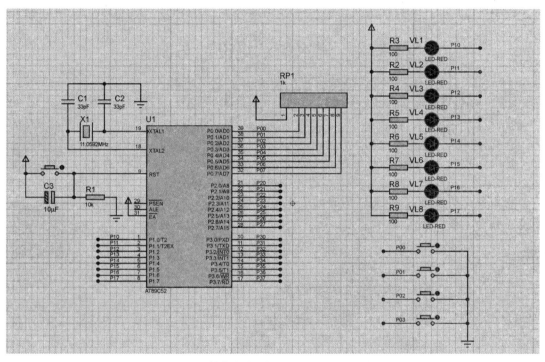

图 1-32 键控多种花样 LED 显示控制电路图

2. 软件设计

参考程序请扫描右侧二维码或下载本书电子配套资料查看。

 习题训练

 编程题（1+X 考证题目）

配置要求：单片机内部晶振频率：12MHz。

功能要求：通过按键 ASW1 控制 ALED1 ～ ALED4 循环位移点亮，每按下 ASW1 按键一次，指示灯位移一位。

循环切换过程如图 1-33 所示：

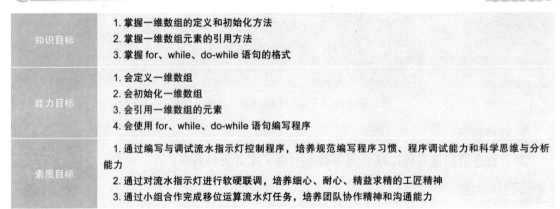

图 1-33　循环切换过程

设备上电后，指示灯默认初始状态：ALED1 点亮，ALED2、ALED3、ALED4 熄灭。

任务 4　流水指示灯设计与制作

任务描述

▶▶ **基础任务**

利用数组和循环实现 8 个 LED 从右至左依次点亮、全亮、全灭的效果。

▶▶ **进阶任务**

利用单片机实现 8 个 LED 构成的流水灯的亮点左移动、亮点右移动、暗点左移动、暗点右移动。

任务目标

知识目标	1. 掌握一维数组的定义和初始化方法 2. 掌握一维数组元素的引用方法 3. 掌握 for、while、do-while 语句的格式
能力目标	1. 会定义一维数组 2. 会初始化一维数组 3. 会引用一维数组的元素 4. 会使用 for、while、do-while 语句编写程序
素质目标	1. 通过编写与调试流水指示灯控制程序，培养规范编写程序习惯、程序调试能力和科学思维与分析能力 2. 通过对流水指示灯进行软硬联调，培养细心、耐心、精益求精的工匠精神 3. 通过小组合作完成移位运算流水灯任务，培养团队协作精神和沟通能力

任务实施

任务工单见附录。

▶▶ **基础任务**

1. 硬件设计

硬件电路设计及元器件选择参考如下：

根据任务要求，该任务包括时钟电路、复位电路和发光二极管电路。将 8 个 LED 连接到 P3.0 ～ P3.7 引脚，采用共阴极连接方式，使用 8 个 220Ω 的电阻分别连接到 8 个 LED，用于限流，以免烧坏 LED。元器件列表见表 1-19。

表 1-19　元器件列表

序号	元器件名称	型号/规格	数量	Proteus 中的名称
1	单片机	STC89C52	1	用 AT89C51 代替 STC89C52
2	陶瓷电容器	22pF	2	CAP
3	晶振	12MHz	1	CRYSTAL
4	电解电容	22μF	1	CAP-ELEC
5	电阻	1kΩ	1	RES
6	电阻	220Ω	8	RES
7	发光二极管		8	LED-RED

控制电路图如图 1-34 所示。

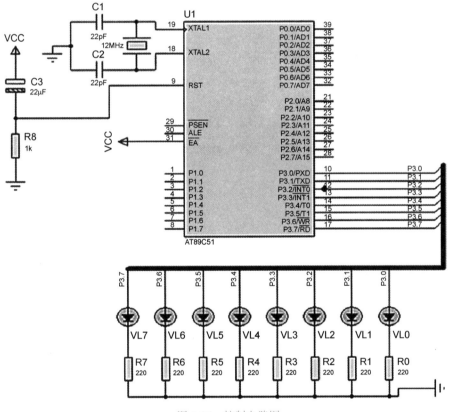

图 1-34　控制电路图

2. 软件设计

参考程序 1：

```
// 程序:ex1_11.c
#include<reg51.h>
unsigned char led[ ]={0x01,0x02,0x04,0x08,0x10,0x20,0x40,0x80,0xFF,
0x00};                              // 定义一维数组
```

```
    void delay(unsigned int k );        // 延时函数声明
    void main( )
    {    unsigned char i;               // 定义循环变量
          while(1)
            {    for(i=0;i<10;i++)       // 数组元素的下标从 0 到 9
                {
                        P3=led[i];        // 数组元素赋给 P3 口
                        delay(1000);
                }
            }
    }
    void delay(unsigned int k )         // 延时函数定义
    {
        unsigned int i, j;
        for(i=0;i<100;i++)
        for(j=0;j<k;j++);
    }
```

参考程序 2：

```
    // 程序 :ex1_12.c
    #include<reg51.h>
    unsigned char led[2][5]={{0x01,0x02,0x04,0x08,0x10},{0x20,0x40,0x80,0
    xFF,0x00}};                         // 定义二维数组
    void delay(unsigned int k );        // 延时函数声明
    void main( )
    {    unsigned char i,j;
          while(1)
            {    for(i=0;i<2;i++)        // 代表行
                {    for(j=0;j<5;j++)    // 代表列
                    {  P3=led[i][j];     // 数组元素赋值给 P3 口
                     delay(1000);
                    }
                }
            }
    }
    void delay(unsigned int k )   // 延时函数定义
    {
        unsigned int i, j;
        for(i=0;i<100;i++)
        for(j=0;j<k;j++);
    }
```

▶▶ 进阶任务

1. 硬件设计

硬件电路设计及元器件选择参考如下：

　　根据任务要求，该任务包括时钟电路、复位电路和发光二极管电路。用 8 个 LED 连接到 P3.0 ～ P3.7 引脚，采用共阴极连接方式，使用 8 个 220Ω 的电阻分别连接到 8 个 LED，用于限流，以免烧坏 LED。元器件列表见表 1-20。

表 1-20　元器件列表

序号	元器件名称	型号 / 规格	数量	Proteus 中的名称
1	单片机	STC89C52	1	用 AT89C51 代替 STC89C52
2	陶瓷电容器	22pF	2	CAP
3	晶振	12MHz	1	CRYSTAL
4	电解电容	22μF	1	CAP-ELEC
5	电阻	1kΩ	1	RES
6	电阻	220Ω	8	RES
7	发光二极管		8	LED-RED

控制电路图如图 1-35 所示。

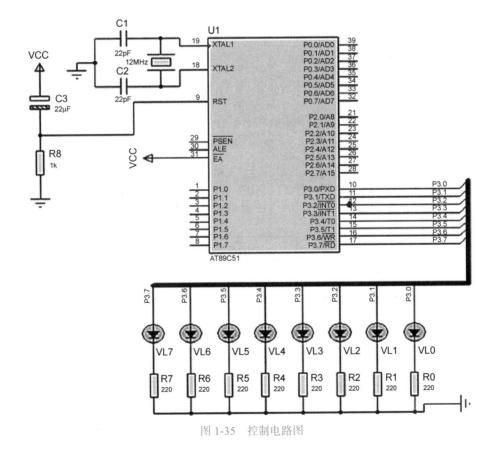

图 1-35　控制电路图

2. 软件设计

8 个发光二极管采用共阴极连接方式，参考程序如下：

```
// 程序 :ex1_13.c
#include<reg51.h>
unsigned char led[32]={0x01,0x02,0x04,0x08,0x10,0x20,0x40,0x80,0x80,0
x40,0x20,0x10,0x08,0x04,0x02,0x01,0xFE,0xFD,0xFB,0xF7,0xEF,0xDF,0xB
F,0x7F,0x7F,0xBF,0xDF,0xEF,0xF7,0xFB,0xFD,0xFE};
void delay(unsigned int k );          // 延时函数声明
void main( )
{    unsigned char i;                 // 定义循环变量
      while(1)
       {     for(i=0;i<32;i++)         // 数组元素的下标从 0 到 9
             {
                  P3=led[i];           // 数组元素赋给 P3 口
                  delay(1000);
             }
       }
}
void delay(unsigned int k )           // 延时函数定义
{
      unsigned int i, j;
      for(i=0;i<100;i++)
      for(j=0;j<k;j++);
}
```

✂ 任务评价

见附录。

✂ 知识链接

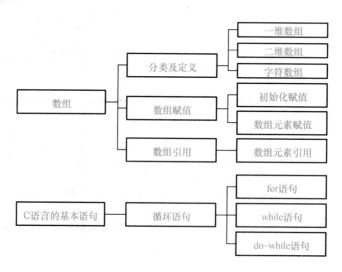

1.4.1 什么是数组

在 C 语言中，为了程序处理，可以把同类型的若干个变量按有序的方式组织起来。

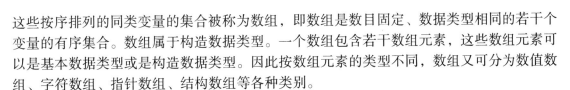

这些按序排列的同类变量的集合被称为数组，即数组是数目固定、数据类型相同的若干个变量的有序集合。数组属于构造数据类型。一个数组包含若干数组元素，这些数组元素可以是基本数据类型或是构造数据类型。因此按数组元素的类型不同，数组又可分为数值数组、字符数组、指针数组、结构数组等各种类别。

在单片机 C 语言编程中，常用的是数值数组和字符型数组。

1.4.2　一维数组的定义

数组使用前必须先定义，一维数组定义的一般形式如下：

　　　类型说明符　数组名 [常量表达式]；

其中，类型说明符是任一种基本数据类型或构造数据类型的关键字，指数组元素的数据类型；数组名是用户定义的数组标识符，必须遵循标识符命名规则，且数组名存放的是一个地址常量，它代表整个数组的首地址；方括号中的常量表达式表示数组元素的个数，也被称为数组的长度，可以是常数或符号常量，但不能包含变量。对于同一个数组，其所有元素的数据类型都是相同的。在编译时，CPU 会为这些数组元素分配相邻的存储空间。例如：

```
unsigned char led[10]; //定义了无符号字符数组 led，其中包含 10 个字符型数据
```

> **小锦囊**
>
> ① 数组名不能和其他变量名重复。
> ② 方括号中的常量表达式可以是常数，也可以是符号常量。
> 例如：
>
> ```
> int a[3 + 2]; //相当于 int a[5]
> #define student 16
> int scores[student]; //student 是符号常量
> ```
>
> ③ 数据类型相同的数组和变量可以放在一起定义。
> 例如：
>
> ```
> int a,b,c,d[10],e[20]; //定义了整型变量 a、b、c 和整型数组 d、e
> ```

1.4.3　一维数组的初始化

数组的初始化是指在数组定义时给数组元素赋初值。一维数组的初始化形式如下：

　　　类型说明符　数组名 [常量表达式]={ 值，值，……，值 }；

在大括号"{ }"中的各数据值即为各元素的初值，各值之间用逗号间隔。
例如：

```
unsigned char led[10]={0x01,0x02,0x04,0x08,0x10,0x20,0x40,0x80,0xFF,0x00};
```

一维数组的赋值需要注意以下几点：

1）只能给数组元素逐个赋值，不能给数组整体赋值。

2）可以只对部分元素赋值，如果赋值的个数比数组元素的总个数少时，程序会按先后顺序对数组元素进行赋值，没有赋值的元素自动赋值为 0。

例如：

```
int a[5]={1,2,3};
```

只给 a[0] ~ a[2] 分别赋值 1、2、3，后面的 a[3] 和 a[4] 自动赋值 0。

3）给数组赋值时也可不指定数组元素的个数，程序会自动将赋值分配给数组元素，这种赋值的方法被称为动态赋值。

例如程序 ex1_11.c 中

```
unsigned char led[ ]={0x01,0x02,0x04,0x08,0x10,0x20,0x40,0x80,0xFF,0x00};
```
相当于
```
unsigned char led[10]={0x01,0x02,0x04,0x08,0x10,0x20,0x40,0x80,0xFF,0x00};
```

1.4.4　一维数组的引用

数组元素是组成数组的基本单元，是一种变量，也被称为下标变量。数组元素的一般表示方法为

数组名［下标］

数组名表示该元素属于哪个数组，下标表示该元素在数组中的顺序号。

例如：

```
unsigned char led[10]={0x01,0x02,0x04,0x08,0x10,0x20,0x40,0x80,0xFF,0x00};
```

如图 1-36 所示，每一个数组元素都用数组名和唯一的下标来表示，要引用数组中的元素，需使用循环程序处理数组。

	存储器	
led	0x01	led[0]
led+1	0x02	led[1]
led+2	0x04	led[2]
led+3	0x08	led[3]
led+4	0x10	led[4]
led+5	0x20	led[5]
led+6	0x40	led[6]
led+7	0x80	led[7]
led+8	0xFF	led[8]
led+9	0x00	led[9]

图 1-36　一维数组

数组元素的引用中需要注意以下几点。

① 数组定义时，数组名后方括号中的值表示的是数组元素的个数，如 led[10] 表示数组 led 包含 10 个元素。但是引用其数组元素时，下标是从 0 开始的，因此数组 led 中的 10 个元素分别为 led[0]、led[1]、led[2]、led[3]、led[4]、led[5]、led[6]、led[7]、led[8]、led[9]。

② 下标只能为整型常量或整型表达式，如果为小数，编译时将自动取整。

③ 数组元素引用前要先定义数组。

1.4.5　C 语言循环结构

在结构化程序设计中，循环程序结构是一种很重要的程序结构，几乎所有的应用程序都包含循环结构。循环程序的作用是对给定的条件进行判断，当给定的条件成立时，重复执行给定的程序段，直到条件不成立时为止。给定的条件被称为循环条件，需要重复执行的程序段被称为循环体。

前面介绍的函数中使用了 for 循环语句，其循环体为空语句，用来消耗 CPU 时间以产生延时效果，这种延时方法称被为软件延时。软件延时的缺点是占用 CPU 时间，使得 CPU 在延时过程中不能做其他事情，所以应尽量少用。

在 C 语言中，可以用下面 3 个语句来实现循环程序结构：for 语句、while 语句和 do-while 语句。

1. for 语句

在 C 语言中，当循环次数明确时，使用 for 语句比使用 while 和 do-while 语句更加方便。for 语句一般格式如下：

```
for(循环变量赋值;循环条件;修改循环变量)
{
    语句组;                          // 循环体
}
```

关键字 for 后面的圆括号内通常包括 3 个表达式：循环变量赋值、循环条件和修改循环变量，3 个表达式之间用 "；" 隔开。大括号内的 "语句组" 是循环体。

for 语句流程图如图 1-37 所示。

for 语句的执行过程如下：

1）先执行第一个表达式，给循环变量赋值，通常这里是一个赋值表达式。

2）第二个表达式判断循环条件是否满足，通常是关系表达式或逻辑表达式，若其值为真（非 0），则执行循环体

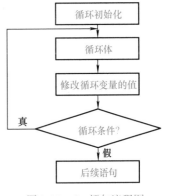

图 1-37　for 语句流程图

"语句组"一次，再执行第3）步；若其值为假（0），则转到第5）步循环结束。

3）计算第三个表达式，修改循环变量的值，一般也是赋值表达式。

4）跳到上面第2）步继续执行。

5）循环结束，执行 for 语句下面的语句。

for 语句中的 3 个表达式都是可选项，可以省略，但必须保留";"。

利用一维数组和 for 语句实现 8 个 LED 从右至左依次点亮、全亮、全灭的流水指示灯效果示意图如图1-38所示，主函数流程图如图1-39所示，延时函数流程图如图1-40所示。

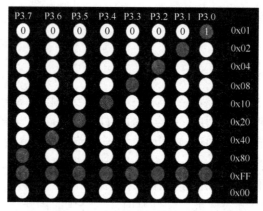

图 1-38　流水指示灯效果示意图

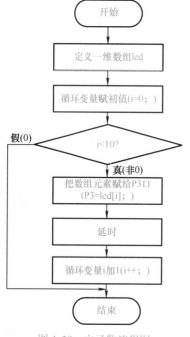

图 1-39　主函数流程图

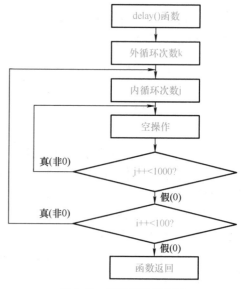

图 1-40　延时函数流程图

参考程序如下：

程序 1:

```
#include<reg51.h>
unsigned char led[ ]={0x01,0x02,0x04,0x08,0x10,0x20,0x40,0x80,0xFF,0x00};
void delay(unsigned int k );        // 延时函数声明
void main( )
{       unsigned char i;                // 定义循环变量
        while(1)
            {    for(i=0;i<10;i++)       // 数组元素的下标从 0 到 9
                {
                        P3=led[i];        // 数组元素赋给 P3 口
                        delay(1000);
                }
            }
}
void delay(unsigned int k )        // 延时函数定义
{
    unsigned int i, j;
    for(i=0;i<100;i++)
    for(j=0;j<k;j++);
}
```

程序 2:

```
#include<reg51.h>
unsigned char led[ ]={0x01,0x02,0x04,0x08,0x10,0x20,0x40,0x80,0xFF,
0x00};
void delay(unsigned int k );        // 延时函数声明
void main( )
{    unsigned char i;
     while(1)
       {
            i=0;
            for(;i<10;i++)
            {
              P3=led[i];
              delay(1000);
            }
       }
}
void delay(unsigned int k )    // 延时函数定义
{
    unsigned int i, j;
    for(i=0;i<100;i++)
    for(j=0;j<k;j++);
}
```

程序 3：

```
#include<reg51.h>
unsigned char led[ ]={0x01,0x02,0x04,0x08,0x10,0x20,0x40,0x80,0xFF,0x00};
void delay(unsigned int k );       // 延时函数声明
void main( )
{    unsigned char i;
      while(1)
       {
              i=0;
              for(;i<10;)
              {
               P3=led[i];
               delay(1000);
               i++;
              }
       }
}
void delay(unsigned int k )    // 延时函数定义
{
       unsigned int i, j;
       for(i=0;i<100;i++)
       for(j=0;j<k;j++);
}
```

小锦囊

① 数组就是一组有序的数据集合。

② 一个数组包含多个数组元素。

③ 每个数组元素就相当于一个变量。

④ 定义了一个数组，就相当于批量定义了很多个变量。

⑤ 变量的名字都是以数组名加上下标来组成的。

2. while 语句

使用 while 语句用来实现"当"型循环。while 语句的常用形式如下：

```
while ( 表达式 )
{
   语句组 ;                // 循环体
}
```

"表达式"，为循环条件，通常是逻辑表达式或关系表达式；"语句组"是循环体，即被重复执行的程序段。

while 语句的执行过程如下：首先计算表达式的值，当值为真（非 0）时，执行循环体"语句组";否则,就不执行循环体中"语句组"。while 语句流程图如图 1-41 所示。

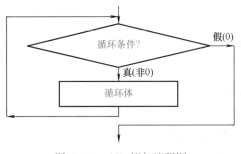

图 1-41　while 语句流程图

while 语句是先判断后执行,它的特点是当表达式的值一开始就为假时,循环体一次也不会执行。

在循环程序设计中,要特别注意循环的边界(即循环的初值、终值)和循环次数。

利用一维数组和 while 语句实现 8 个 LED 从右至左依次点亮、全亮、全灭的流水指示灯效果的参考程序如下:

```
#include<reg51.h>
unsigned char led[ ]={0x01,0x02,0x04,0x08,0x10,0x20,0x40,0x80,0xFF,0x00};
void delay(unsigned int k );      // 延时函数声明
void main( )
{    unsigned char i;
     while(1)
      {
         i=0;
         while(i<10)
          {    P3=led[i];
               delay(1000);
               i++;
          }
      }
}
void delay(unsigned int k )   // 延时函数定义
{
     unsigned int i, j;
     for(i=0;i<100;i++)
     for(j=0;j<k;j++);
}
```

while 语句使用过程中的注意事项如下:

1)使用 while 语句时要注意,当"表达式"的值(循环条件)为真时,执行循环体,循环体执行一次完成后,再次回到 while,进行循环条件判断,如果仍然为真,则重复执行循环体程序;如果为假,则退出整个 while 循环语句。

2)如果循环条件一开始就为假,那么 while 后面的循环体一次都不会执行。

3）如果循环条件总为真，例如 while（1）表达式为常量 1，非 0 即为真，循环条件永远成立，则为无限循环，即死循环。

4）除非特殊应用的情况，否则在使用 while 语句进行循环程序设计时，循环体通常包含修改循环条件的语句，以使循环逐渐趋于结束，避免出现死循环。

3. do-while 语句

使用 do-while 语句实现"直到"型循环。

while 语句是在执行循环体之前进行循环条件判断，如条件不成立，则该循环体中的语句组不被执行。但是有时候需要先执行一次循环体后，再进行循环条件的判断，则 do-while 语句可以满足这种要求。do-while 语句的一般格式如下：

```
do
{
语句组；          // 循环体
}while（表达式）;
```

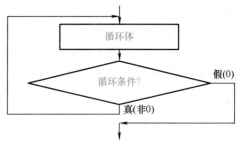

do-while 语句执行过程如下：先执行循环体"语句组"一次，再计算"表达式"的值（循环条件），如果"表达式"为真（非 0），则继续执行循环体中的"语句组"，直到"表达式"为假（0）为止。do-while 语句流程图如图 1-42 所示。

图 1-42　do-while 语句流程图

小锦囊

do-while 语句使用过程中的注意事项如下：

① 在使用 if 语句、while 语句时，表达式括号后面都不能加分号"；"，但在 do-while 语句的表达式括号后必须加"；"。

② do-while 语句与 while 语句相比，更适合于处理不论循环条件是否成立，都需先执行一次循环体的情况。

while 与 do-while 语句的比较如图 1-43 所示。

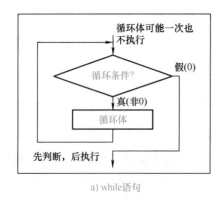

a) while 语句

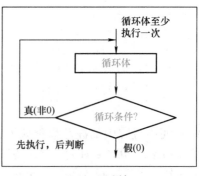

b) do-while 语句

图 1-43　while 与 do-while 语句的比较

利用一维数组和 do-while 语句实现 8 个 LED 从右至左依次点亮、全亮、全灭的流水指示灯效果的参考程序如下：

```c
#include<reg51.h>
unsigned char led[ ]={0x01,0x02,0x04,0x08,0x10,0x20,0x40,0x80,0xFF,0x00};
void delay(unsigned int k );        // 延时函数声明
void main( )
{    unsigned char i;
      while(1)
        {
            i=0;
              do
            {    P3=led[i];
                 delay(1000);
                 i++;
            } while(i<10);
        }
void delay(unsigned int k )   // 延时函数定义
{
      unsigned int i, j;
      for(i=0;i<100;i++)
      for(j=0;j<k;j++);
}
```

1.4.6　二维数组的定义

前面介绍的数组为一维数组，只有一个下标，其数组元素也被称为单下标变量。但在实际问题中有很多量是二维或多维的，因此 C 语言允许构造多维数组。多维数组元素有多个下标，以标识它在数组中的位置，所以也被称为多下标变量。

二维数组可以看作是由多个一维数组组成，而更多维的数组可以看作是由二维数组组成。在单片机的 C 语言程序编写中，多维数组中使用得最多的还是二维数组。

二维数组定义的一般形式如下：

类型说明符　数组名 [常量表达式 1][常量表达式 2]

其中，常量表达式 1 的值表示第一维下标的长度，常量表达式 2 的值表示第二维下标的长度。

例如：

```c
unsigned char  led[2][5];
```

该语句定义了一个 2×5 的数组 led，其数组元素（下标变量）的类型都为无符号字符型。该数组的数组元素（下标变量）共有 2×5=10 个，分别为 led[0][0]、led[0][1]、led[0][2]、led[0][3]、led[0][4]、led[1][0]、led[1][1]、led[1][2]、led[1][3]、led[1][4]。这里二维数组的第一个下标可以理解为行数，第二个下标可以理解为列数。

行和列都是从 0 开始数起，数组 led[2][5] 在内存中的存放顺序如图 1-44 所示：

	第0列	第1列	第2列	第3列	第4列
第0行	led[0][0]	led[0][1]	led[0][2]	led[0][3]	led[0][4]
第1行	led[1][0]	led[1][1]	led[1][2]	led[1][3]	led[1][4]

图1-44 led[2][5]

二维数组的存储需要注意以下几点：

1）二维数组的二维只是程序概念上的，表示了数组元素之间的关系。下标变量在数组中的位置处于一个平面之中，在两个方向上展开，而不是像一维数组那样只有一个方向。但是在实际的硬件存储器中二维数组是连续编址的，存储器单元是按一维线性排列的，即二维数组在存储空间中依然按一维方式存储。

2）C语言是按行对二维数组进行存储的。按行排列，即先按顺序存放完一行（或者理解为按顺序为第一行数据分配对应类型的存储空间并赋值）之后再存第二行。例如上面举例的数组led，先存放led[0][0]、led[0][1]、led[0][2]、led[0][3]、led[0][4]、再存放led[1][0]、led[1][1]、led[1][2]、led[1][3]、led[1][4]。

1.4.7　二维数组的初始化

二维数组的初始化即在数组定义时给各数组元素赋初值。二维数组的初始化赋值可以按行分段赋值，也可按行连续赋值。例如，对无符号字符型数组led[2][5]进行初始化如下。

按行连续赋值可写为

```
unsigned char led[2][5]={0x01, 0x02, 0x04, 0x08, 0x10, 0x20, 0x40,
0x80, 0xFF, 0x00}; 相当于对led[0][0]、led[0][1]、led[0][2]、led[0][3]、
led[0][4]、led[1][0]、led[1][1]、led[1][2]、led[1][3]、led[1][4]分别
赋值为0x01、0x02、0x04、0x08、0x10、0x20、0x40、0x80、0xFF、0x00。
```

按行分段赋值时按行添加大括号，可写为

```
led[2][5]={{0x01,0x02,0x04,0x08,0x10},{0x20,0x40,0x80,0xFF,0x00}};
```

作用和连续赋值一样，但是按行分段的写法更直观易读，一般会使用这种赋值方法。

二维数组的赋值需要注意以下几点：

1）二维数组同样可以只对部分元素赋初值，如每行中赋值的数量少于该行下标变量的数量，则程序会按先后顺序为该行下标变量赋初值，未赋初值的下标变量自动赋0。

例如：

```
int a[2][3]={{1,2},{5}};
```

赋值后，数组a第一行的值为1、2、0，第二行的值为5、0、0。

2）如对全部元素赋初值，则第一维的长度（行数）可以省略不写，但列数不可不写，例如：

```
int a[2][3]={1,2,3,4,5,6};
```

可以写为：

```
int a[][3]={1,2,3,4,5,6};
```

1.4.8　二维数组元素的引用

二维数组元素也被称为双下标变量，其表示的形式如下：

数组名 [下标] [下标]

其中，下标应为整型常量或整型表达式。例如 led[2][5] 表示数组 led 2 行 5 列的元素。

注意数组名后的下标使用时和数组定义时的差异，这和一维数组类似。定义时，数组名后的常量表示数组的行长和列长，引用数组元素时，数组名后面的下标值表示对应元素所处的行数和列数，注意是从 0 开始计数。二维数组元素具有和相同类型简单变量一样的属性，可以对它进行赋值和参与各种运算。

利用二维数组实现 8 个 LED 从右至左依次点亮、全亮、全灭的效果的参考程序如下：

```
#include<reg51.h>
unsigned char led[2][5]={{0x01,0x02,0x04,0x08,0x10},{0x20,0x40,0x80,0xFF,0x00}};
void delay(unsigned int k );               // 延时函数声明
void main( )
{    unsigned char i,j;
     while(1)
       {    for(i=0;i<2;i++)               // 代表行
           {    for(j=0;j<5;j++)           // 代表列
               {  P3=led[i][j];            // 数组元素赋值给 P3 口
                delay(1000);
               }
           }
       }
}
void delay(unsigned int k )   // 延时函数定义
{
     unsigned int i, j;
     for(i=0;i<100;i++)
     for(j=0;j<k;j++);
}
```

1.4.9　字符数组

用来存放字符量的数组称为字符数组，每一个数组元素就是一个字符。

字符数组的使用说明与整型数组相同，例如 " char ch[10] ；" 语句说明 ch 为字符数组，包含 10 个字符元素。

字符数组的初始化赋值是直接将各字符赋给数组中的各元素。例如：

```
char ch[10]={'c','h','i','n','e','s','e','\0'};
```

以上语句定义了一个包含 10 个数组元素的字符数组 ch，并且将 8 个字符分别赋值到 ch[0] ~ ch[7]，而 ch[8] 和 ch[9] 将被系统自动赋值空格字符。

当对全体数组元素赋初值时，可以省去长度说明，例如：

```
char ch[ ]={'c','h','i','n','e','s','e','\0'};
```

这时数组 ch 的长度自动定义为 8。

通常用字符数组来存放一个字符串，字符串总是以 '\0' 来作为结束符。因此，当把一个字符串存入一个数组时，也要把结束符 '\0' 存入数组，并以此作为字符串的结束标志。

C 语言允许用字符串的方式对数组做初始化赋值，例如：

```
char ch[ ]={'c','h','i','n','e','s','e','\0'};
```

可写为

```
char ch[ ]={"chinese"};
```

或去掉大括号，写为

```
char ch[ ]="chinese";
```

一个字符串可以用一维数组来装入，但数组元素的个数一定要比字符个数多一个，即字符串结束符 '\0' 由编译器自动加上。

字符串数组的应用参见项目 2 任务 5 进阶任务的程序。

习题训练

任务5　报警指示灯设计与制作

任务描述

>> **基础任务**

通过模拟合作企业智能车间报警灯控制，利用自定义函数和库函数分别实现 8 个 LED 从右至左依次点亮、8 个 LED 全亮、8 个 LED 全灭；从右至左依次点亮、再从左至右依次点亮效果。

任务目标

知识目标	1. 掌握函数的定义方法 2. 掌握函数的调用方法
能力目标	1. 会定义函数 2. 会调用函数
素质目标	1. 通过编写和调试报警指示灯程序，培养规范编写程序习惯、程序调试能力和科学思维与分析能力 2. 通过制作设备指示灯实物，培养安全意识和创新意识 3. 通过小组比赛，培养竞争意识、团队协作能力和沟通能力

任务实施

任务工单见附录。

▶▶ 基础任务

1. 硬件设计

硬件电路设计及元器件选择参考如下：

根据任务要求，该任务包括时钟电路、复位电路和发光二极管电路。用 8 个 LED 连接到 P3.0 ～ P3.7 引脚，采用共阴极连接方式，使用 8 个 220Ω 的电阻分别连接到 8 个 LED，用于限流，以免烧坏 LED。元器件列表见表 1-21。

表 1-21　元器件列表

序号	元器件名称	型号 / 规格	数量	Proteus 中的名称
1	单片机	STC89C52	1	用 AT89C51 代替 STC89C52
2	陶瓷电容器	22pF	2	CAP
3	晶振	12MHz	1	CRYSTAL
4	电解电容	22μF	1	CAP–ELEC
5	电阻	1kΩ	1	RES
6	电阻	220Ω	8	RES
7	发光二极管		8	LED–RED

控制电路图如图 1-45 所示。

2. 软件设计

自定义彩灯控制函数流程图如图 1-46 所示，主函数流程图如图 1-47 所示，延时函数流程图如图 1-48 所示。

方法一：利用自定义函数实现报警指示灯控制，参考程序如下。

```c
// 程序 :ex1_14.c
#include<reg51.h>
unsigned char led[10]={0x01,0x02,0x04,0x08,0x10,0x20,0x40,0x80,0xFF,0x00};
void delay(unsigned int k );       // 延时函数声明
void color()                        // 报警指示灯控制函数定义
```

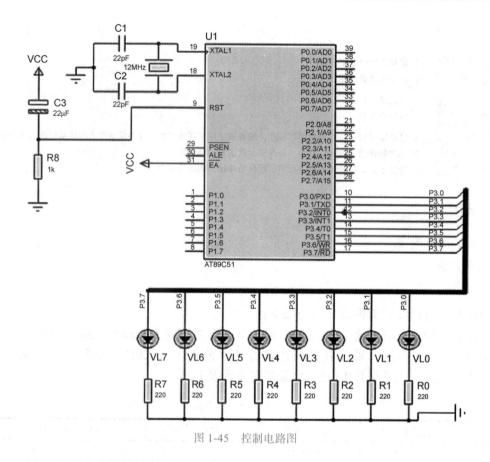

图 1-45 控制电路图

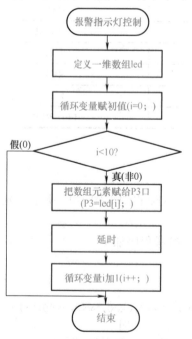

图 1-46 自定义彩灯控制函数流程图

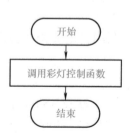

图 1-47 主函数流程图

```
{
      unsigned char i;
// 定义循环变量 i
      for(i=0;i<10;i++)
      {
          P3=led[i];
          delay(200);
// 调用延时函数
      }
}
void main( )
// 主函数
{
      while(1)
      {
      color();
// 调用报警指示灯控制函数 color()
      }
}
void delay(unsigned int k )          // 延时函数定义
{
  unsigned int i, j;
  for(i=0;i<100;i++)
  for(j=0;j<k;j++);
}
```

图 1-48　延时函数流程图

方法二：利用库函数实现报警指示灯控制，参考程序如下。

```
// 程序 :ex1_15.c
#include<reg51.h>
#include<intrins.h>
void delay(unsigned int c);
void main()
{
 unsigned int i;
 P3=0x01;
 delay(5);
 while(1)
 {
      for(i=0;i<8;i++)
      {
        P3=_crol_(P3,1);
        delay(5);
      }
      P3=0x80;
      for(i=0;i<8;i++)
      {
```

```
            P3=_cror_(P3,1);
            delay(5);
            }
    }
}
void delay(unsigned int c)
{
  unsigned int a,b;
  for(;c>0;c--)
  for(b=38;b>0;b--)
  for(a=130;a>0;a--);
}
```

任务评价

见附录。

知识链接

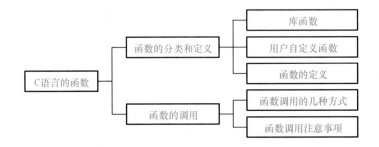

1.5.1 函数的分类和定义

C 语言是由若干个函数组成的，其中必须有且只能有一个主函数 main（），主函数是程序执行开始首先运行的函数。函数就是功能，每一个函数能实现一个特定的功能。从用户使用的角度来看，函数有两种类型：库函数和用户自定义函数。

1. 库函数

Keil C51 编译器提供了丰富的库函数，每个库函数都是一段能完成特定功能的程序，由于这些功能都是程序设计人员共同的需求，所以这些函数就被设计成标准的程序模块，经过编译后，以目标代码的形式存放在库文件中。Keil C51 编译器提供了 100 多个标准库函数供我们使用。常用的 C51 库函数包括一般 I/O 端口函数、访问 SFR 地址函数等。用户可以直接调用库函数。使用库函数时，必须在源程序的开始处使用预处理命令"#include"将有关的头文件包含进来。例如：报警指示灯实现发光二极管左移和右移效果，可以调用"#include<intrins.h>"内部库函数中的左移函数 _crol_（）和右移函数 _cror_。

2. 用户自定义函数

用户自定义函数是用户根据需要自行编写的函数，它必须先定义之后才能被调用。函数定义的一般形式如下：

```
函数类型  函数名（形式参数表）
{
    局部变量定义；
    函数体语句；
    return 语句；
}
```

其中，函数类型说明了自定义函数返回值的类型。

　　如果一个函数被调用执行完成后，需要向调用者返回一个执行结果，我们就将这个结果称为函数返回值，而将具有函数返回值的函数称为有返回值函数。这种具有函数返回值的函数必须在函数定义和函数声明中明确函数返回值的类型，即将函数返回值的数据类型定义为函数类型。

　　如果一个函数被调用执行完成后不向调用者返回执行结果，这种函数称为无返回值函数。定义无返回值函数时，函数类型采用无值型关键字 void。例如：

```
无返回值类型   函数名   形式参数表
void delay(unsigned int k)        // 函数定义
{
    unsigned int i,j;             // 局部变量 i,j
    for(i=0;i<100;i++)
    for(j=0;j<k;j++);
}
```

函数体

函数名是自定义函数的名字。

　　形式参数表给出函数被调用时传递数据的形式参数，形式参数的类型必须加以说明，ANSI C 标准［由美国国家标准协会（ANSI）和国际标准化组织（ISO）推出的关于 C 语言的标准］允许在形式参数表中对形式参数的类型进行说明。如果定义的是无参数函数，可以没有形式参数表，但是圆括号不能省略。

　　局部变量定义是对在函数内部需要使用的局部变量进行定义，局部变量也被称为内部变量。

　　函数体语句是为完成函数的特定功能而设置的语句。

　　return 语句用于返回函数执行的结果。对于无返回值函数，该语句可以省略。

　　因此，一个函数由下面两部分组成：

　　1）函数定义，即函数的第一行，包括函数类型、函数名、形式参数表（函数参数名）、参数类型等。

　　2）函数体，即大括号内的部分，由定义局部变量数据类型的说明部分和实现函数功能的执行部分组成。

　　自定义报警指示灯控制函数如下：

```
void color()        // 报警指示灯控制函数定义
{
  unsigned char i;
   for(i=0;i<10;i++)
    {
        P3=led[i];
        delay(200);
    }
}
```

> **小锦囊**
>
> ① 函数数据类型确定函数返回值的数据类型，默认为整型。
> ② 用户自定义函数的函数名由用户自己定，但要符合 C 语言标识符的命名规则。
> ③ 定义形式参数时要确定形式参数的数据类型，标识符要符合 C 语言标识符的命名规则，多个形式参数之间用逗号隔开；函数也可以没有形式参数，但函数名后面的一对圆括号不能省。
> ④ 函数定义的位置很重要，如果定义在主函数 main（）之后，则需要在被调用之前声明；如果定义在主函数 main（）之前，则在被调用之前不需要声明。

利用自定义函数实现 8 个 LED 从右至左依次点亮效果的参考程序如下：

```
#include<reg51.h>
unsigned char led[10]={0x01,0x02,0x04,0x08,0x10,0x20,0x40,0x80,0xFF,0x00};
void delay(unsigned int k );         // 延时函数声明
void color()                         // 报警指示灯控制函数定义
{
    unsigned char i;                 // 定义循环变量 i
    for(i=0;i<10;i++)
     {
        P3=led[i];
        delay(200);
     }
}
void main( )                         // 主函数
{
        while(1)
        {
          color();                   // 调用报警指示灯控制函数 color()
        }
}
void delay(unsigned int k )          // 延时函数定义
{
        unsigned int i, j;
```

```
        for(i=0;i<100;i++)
        for(j=0;j<k;j++);
    }
```

1.5.2 函数调用

在 C 语言程序中，不管是调用库函数还是调用用户自定义函数，都必须遵循"先定义或声明、后调用"的原则。调用库函数时，必须在源程序的开始处使用预处理命令" #include< >"将有关的头文件包含进来；调用用户自定义函数时，必须在调用前先定义或声明该函数。

调用函数的一般格式为

　　　　函数名（实际参数列表）

对于有参数类型的函数，若实际参数列表中有多个实际参数，则各参数之间用逗号隔开。实际参数与形式参数要顺序对应、个数相等、类型一致。

例如：

```
void color()                // 报警指示灯控制函数定义
{
    unsigned char i;        // 定义循环变量 i
    for(i=0;i<10;i++)
    {
        P3=led[i];
        delay(200);         // 调用延时函数
    }
}
void main( )                // 主函数
{
    while(1)
    {
        color();            // 调用报警指示灯控制函数 color( )
    }
}
```

按照被调用函数在主调用函数中出现的位置，函数可以有以下 3 种调用方式：

1）函数语句。把被调用函数作为主调用函数的一个语句。例如延时函数调用语句" delay（200）；"此时不要求被调用函数返回值，只要求函数完成一定的操作，实现特定的功能。

2）函数表达式。被调用函数以一个运算对象的形式出现在一个表达式中，这种表达式被称为函数表达式。这时要求被调用函数返回一定的数值，并以该数值参加表达式的运算。例如" c=2*max（a,b）；"，函数 max（a,b）返回一个数值，将该值乘以 2，乘积赋值给变量 c。

3）函数参数。被调用函数作为另一个函数的实际参数或者本函数的实际参数，例如："m=max（a，max（b，c））;"。

函数的调用需要注意以下两方面：

1）下面几种情况中，可以省去主函数中对被调用函数的函数声明。

① 当被调用函数的返回值是整型或字符型时，可以不对被调用函数做函数声明，而直接调用。这时系统将自动对被调用函数的返回值做整型处理。所以上面的例子中，不先对 max（）函数做函数声明，main（）函数中也可以对其进行调用，编译不会出错。

② 当被调用函数的函数定义出现在主函数之前时，在主函数中也可以不再对被调用函数做函数声明而直接调用。

③ 如果在所有函数定义之前，在函数外预先说明了各个函数的类型，则在以后的主函数中，可不再对被调用函数做函数声明。

2）C语言中不允许做嵌套的函数定义，因此各函数之间是平行的，不存在上一级函数和下一级函数的问题。但是C语言允许在被调用的一个函数中出现对另一个函数的调用，即函数的嵌套调用。

Keil C51 编译器提供的 _cror_（）是循环右移函数，就是把低位移出去的部分补到高位去，移位过程示意图如图1-49所示。例如：如果 P3 端口当前的状态为"01111111"，那么执行语句" P1=_cror_（P3,1）;"后，P3 端口的状态为"10111111"，向右移了一位，并将溢出的最低位"1"补到了最高位上。

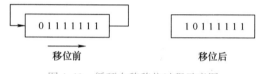

图 1-49　循环右移移位过程示意图

循环右移函数 _cror_（）需要两个参数，第一个参数存放被移位的数据，例如此例中的 P3 端口状态；第二个参数是常数，用来说明移位次数，此例中该常数为1，表示要右移一位。

Keil C51 编译器还提供了一个循环左移函数 _crol_（）。循环左移函数和循环右移函数都已在" #include<intrins.h>"头文件中定义。因此，在调用循环左移函数和循环右移函数时需加上"#include<intrins.h>"头文件。

用库函数实现报警指示灯左移控制的参考程序如下：

```
#include<reg51.h>
#include<intrins.h>
void delay(unsigned int c);
void main()
{
  P3=0x01;
  while(1)
  {
    P3=_crol_(P3,1);   // 调用循环左移函数
    delay(5);
  }
}
void delay(unsigned int c)
{
```

```
    unsigned int a,b;
    for(;c>0;c--)
    for(b=38;b>0;b--)
    for(a=130;a>0;a--);
}
```

用库函数实现报警指示灯右移控制的参考程序如下：

```
#include<reg51.h>
#include<intrins.h>
void delay(unsigned int c);
void main()
{
    P3=0x80;
    while(1)
    {
        P1=_cror_(P1,1);    // 调用循环右移函数
        delay(5);
    }
}
void delay(unsigned int c)
{
    unsigned int a,b;
    for(;c>0;c--)
    for(b=38;b>0;b--)
    for(a=130;a>0;a--);
}
```

拓展提高

用自定义函数实现 8 个 LED 按照 1、2 → 3、4 → 5、6 → 7、8 → 1、2、3、4、5、6、7、8 的顺序循环点亮，每个状态停留 1s，循环不止。

习题训练

科创实践

1. 电子礼盒设计与制作

要求：利用单片机控制 LED 实现多种效果的电子礼盒设计与制作。

2. 爱心灯设计与制作

要求：本系统采用单片机 + 七彩 LED + 电阻 + 按键。

利用单片机控制 32 个七彩 LED，由 32 个七彩 LED 组成多样的爱心形流水灯或者五角星形流水灯，每一个灯都是七彩的，每个灯都可以发出 7 种颜色。

项目2

智能车间生产线计数系统设计与制作

本项目是用单片机对生产线产品产量进行自动计数，可通过红外光电传感器检测产品进行计数，显示计数结果，并具有手动复位（清零）功能。每检测到一次产品，蜂鸣器会短暂地嘀一声，可通过按钮设置报警值，当检测值大于报警值时，发出声光报警。检测模块还能够检测车间的温湿度，并能用 LCD（液晶显示器）显示出来。

任务 1 检测模块设计与制作

✗ 任务描述

▶▶ **基础任务**

通过模拟企业智能车间药装生产线，用红外光电传感器检测药瓶并计数，当检测到 3 个药瓶时，蜂鸣器报警，同时指示灯每 1s 闪烁一次（用查询方式实现定时）。

✗ 任务目标

知识目标	1. 掌握红外光电传感器和蜂鸣器的工作原理 2. 掌握定时/计数器的结构和应用 3. 掌握定时/计数器的 4 种工作方式 4. 掌握 TMOD、TCON 的功能
能力目标	1. 会调试红外光电传感器 2. 能够利用定时/计数器实现延时程序的编写 3. 能够使用蜂鸣器实现报警功能 4. 会设置 TMOD
素质目标	通过定时/计数器工作方式设置及程序编写调试，认识到"不积跬步，无以致千里；不积小流，无以成江海"

✗ 任务实施

任务工单见附录。

▶▶ **基础任务**

1. 硬件设计

硬件电路设计及元器件选择参考如下：

根据任务要求，用按钮模拟红外光电传感器，接到单片机 P3.6 引脚，将发光二极管电路接到单片机 P1.7 引脚，采用共阳极的连接方式。报警电路用蜂鸣器实现，接到单片机 P1.3 引脚。检测模块电路框图如图 2-1 所示。

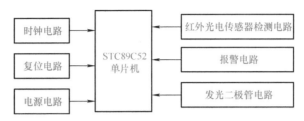

图 2-1　检测模块电路框图

元器件列表见表 2-1。

表 2-1　元器件列表

序号	元器件名称	型号 / 规格	数量	Proteus 中的名称
1	单片机	STC89C52	1	用 AT89C51 代替 STC89C52
2	陶瓷电容器	30pF	2	CAP
3	晶振	12MHz	1	CRYSTAL
4	电解电容	10μF	1	CAP–ELEC
5	电阻	10kΩ	1	RES
6	电阻	470Ω	1	RES
7	晶体管		1	PNP
8	蜂鸣器		1	BUZZER
9	发光二极管		1	LED–RED
10	电阻	0.1kΩ	1	RES
11	按钮		1	BUTTON（用按钮代替红外光电传感器）

控制电路图如图 2-2 所示。

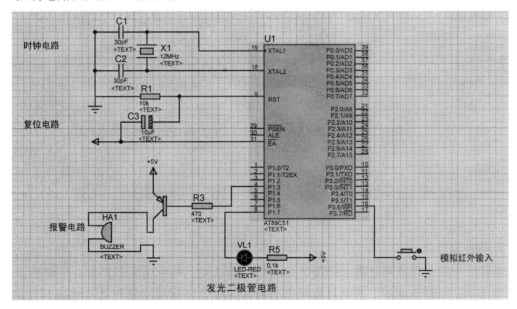

图 2-2　控制电路图

需要注意的是：

1）蜂鸣器型号。在 Proteus 软件中选择如图 2-3 所示的蜂鸣器。

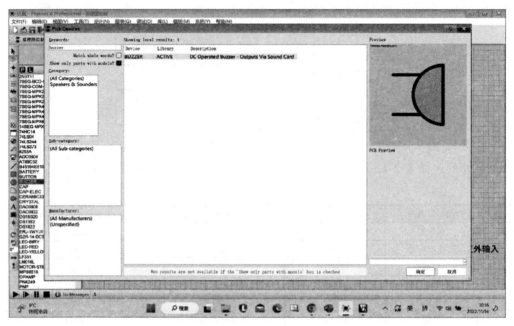

图 2-3　蜂鸣器型号

2）设置蜂鸣器参数。双击蜂鸣器进行参数设置，如图 2-4 所示。

3）设置电源参数。双击图中电源符号"　"，设置电源为 +5V，如图 2-5 所示。

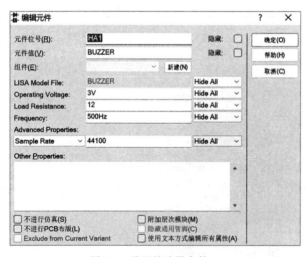

图 2-4　设置蜂鸣器参数

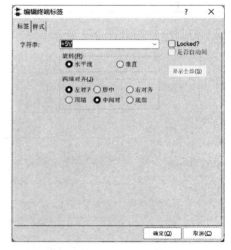

图 2-5　设置电源参数

2. 软件设计

本任务主要实现检测计数、报警、指示灯闪烁功能，每个功能定义为一个函数，总共有 5 个函数，包括主函数、检测计数函数、报警函数、1s 定时函数和延时函数。

检测计数函数流程图如图 2-6 所示。

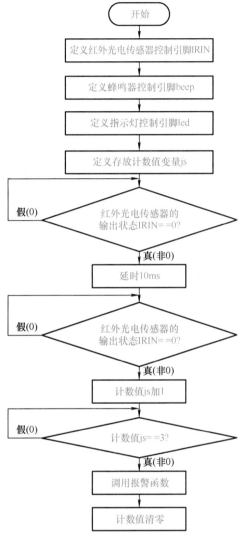

图 2-6　检测计数函数流程图

检测计数函数参考程序如下：

```
#include<reg51.h>              // 51 单片机头文件
sbit IRIN=P3^6;                //定义红外光电传感器控制引脚
sbit beep=P1^3;                //定义蜂鸣器控制引脚
sbit led=P1^7;                 //定义指示灯控制引脚
void jishu();                  // 检测计数函数声明
void baojing();                // 报警函数声明
void timer0();                 //1s 定时函数声明
void delay(unsigned int z);    // 延时函数声明
void jishu()                   // 定义检测计数函数
{
```

```
unsigned int js;
 if(IRIN==0)                         // 如果红外输入 =0 ( 即红外光电传感器输出状态
                                     // 为 0 ), 说明检测到药瓶
 {      delay(10);                   // 延时 10ms
        if(IRIN==0)                  // 防止误检测, 再次判断红外光电传感器的输出
                                     // 状态
        {
            while(!IRIN);            // 松手检测
            js++;                    // 计数值加 1
            if(js==3)                // 当计到 3 个药瓶时, 报警
            {
                baojing();           // 调用报警函数
                js=0;                // 计数值清零
            }
        }
 }
}
```

报警函数流程图如图 2-7 所示。

报警函数参考程序如下：

```
void baojing()              // 定义报警函数
{
  beep=0;                   // 蜂鸣器响
  delay(100);               // 调用延时函数
  beep=1;                   // 蜂鸣器不响
  delay(100);               // 调用延时函数
}
```

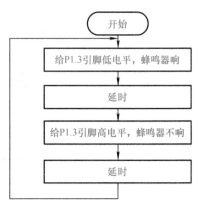

图 2-7　报警函数流程图

实现 1s 定时功能的 4 个步骤如下：

步骤 1：设置 TMOD 寄存器，确定用定时 / 计数器 T0 或 T1、确定定时或计数功能、确定定时 / 计数器工作方式等。

采用 12MHz 晶振的单片机，用 T0 定时，用工作方式 1 控制，TMOD 为 00000001，写成十六进制是 0x01，在程序中给出"TMOD=0x01;"。

步骤 2：确定定时时间，计算并设置定时 / 计数器初值。

采用 12MHz 晶振的单片机，用 T0 定时，用工作方式 1 控制，最大定时时间为 65ms，假设定时 1ms，循环 1000 次，实现 1s 定时。

使用如图 2-8 所示的定时计算器小工具，算出定时 / 计数器初值为 0xFC18，分别令 TH0=0xFC，TL0=0x18。

步骤 3：启动定时 / 计数器 T0 或 T1。

TR0=1 表示启动 T0，TR1=1 表示启动 T1。

步骤 4：计数溢出处理（查询方式）。

TF1 是 T1 的溢出标志位，TF0 是 T0 的溢出标志位。

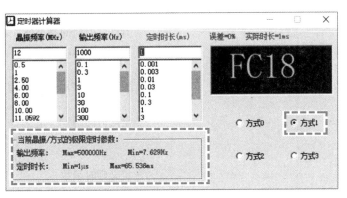

图 2-8　定时计算器小工具

如果 1ms 定时时间到，单片机会自动将 TF0 置 1，通过判断 TF0 的状态，就可以知道有没有到 1ms 定时时间。如果 TF0=1，说明 1ms 定时时间到，执行循环 1000 次，达到 1s 定时；如果 TF0=0，说明 1ms 定时时间未到，继续等待 1ms 定时时间到。

查询方式实现 1s 定时功能的函数流程图如图 2-9 所示，主函数流程图如图 2-10 所示。

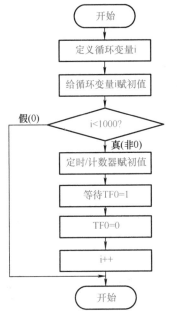

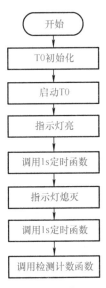

图 2-9　查询方式实现 1s 定时功能的函数流程图　　　　图 2-10　主函数流程图

1s 定时函数、延时函数、主函数参考程序如下：

```
void timer0()                       // 定义1s定时函数
{
    unsigned int i;
    for(i=0;i<1000;i++)             // 定时1ms,循环1000次,达到1s定时
    {
```

```
            TH0=0xFC;                      // 定时 / 计数器 T0 赋初值
            TL0=0x18;
            while(TF0==0)                  // 判断定时时间是否到，未到继续等待。也可
                                           // 写成 while(!TF0)
            {
                ;                          // 空语句，表示等待
            }
        TF0=0;                             // 定时时间到了，清空 TF0 标志位
      }
}
void delay(unsigned int z)                 // 定义延时函数
{
    unsigned int x,y;
    for(x=z;z>0;z--)
        for(y=110;y>0;y--);
}
void main()                                // 定义主函数
{
  TMOD=0x01;                               // 定时 / 计数器 T0 用工作方式 1 实现定时功能
  TH0=0xFC;                                // 定时 / 计数器 T0 赋初值
  TL0=0x18;
  TR0=1;                                   // 启动定时 / 计数器 T0
  while(1)
  {
    led=0;                                 // 指示灯亮
    timer0();                              // 调用 1s 定时函数
    led=1;                                 // 指示灯熄灭
    timer0();
    jishu();                               // 调用检测计数函数
  }
}
```

需要注意的是，定时 / 计数器 T0 对应的位是 TH0、TL0、TF0、TR0，定时 / 计数器 T1 对应的位是 TH1、TL1、TF1、TR1。

用红外光电传感器检测药瓶进行计数，当计数值达到 3 时，蜂鸣器报警，并且用查询方式实现 1s 定时控制指示灯闪烁。完整参考程序请扫描右侧二维码或下载本书电子配套资料查看。

🔖 **小锦囊**

检测物体的距离可以根据要求通过红外光电传感器尾部的电位器旋钮进行调节。顺时针旋转电位器旋钮增加检测距离，逆时针旋转电位器旋钮减少检测距离。红外光电传感器的前部和尾部如图 2-11 所示。

图 2-11　红外光电传感器的前部和尾部

任务评价

见附录。

知识链接

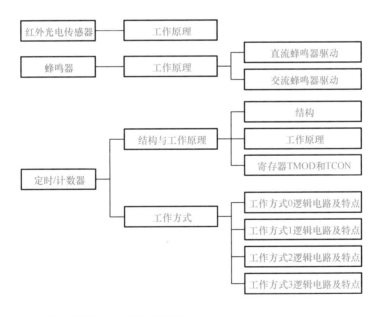

2.1.1　红外光电传感器的工作原理

E18-D80NK-N 是 E18-D80NK 的升级版，改动部分主要是内部电路板和外部接线。E18-D80NK-N 传感器在外部接线的末端增加了杜邦头，方便用户使用。E18-D80NK-N 是一种集发射与接收于一体的光电式传感器，发射光经过调制后发出，接收头对反射光进行解调输出，有效地避免了可见光的干扰。透镜的使用，也使得这款传感器最远可以检测 80cm 的距离（由于红外光的特性，不同颜色的物体，能探测的最大距离也有不同：白色物体最远，黑色物体最近）。检测障碍物的距离可以根据要求通过红外光电传感器尾部的电位器旋钮进行调节。该传感器具有探测距离远、受可见光干扰小、价格便宜、易于装配、使用方便等特点，可以广泛应用于机器人避障和流水线计件等众多场合。红外光电传感器如图 2-12 所示（其中，VDC 指 VCC），红外光电传感器内部原理图如图 2-13 所示。

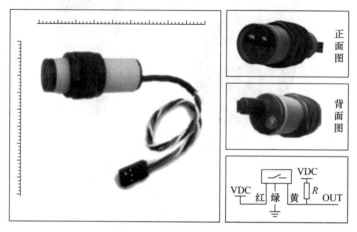

图 2-12　红外光电传感器

注：请不要将引线接错，否则将会烧掉传感器。

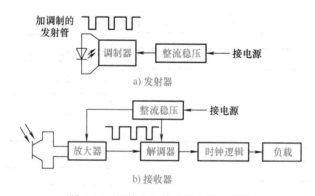

图 2-13　红外光电传感器内部原理图

注意事项：在接线的时候，避免出现电源和地接错的情况，该操作有可能造成传感器永久性损坏；信号输出端需加上拉电阻；为保护传感器动作的可靠性和延长寿命，避免在规定以外的温度条件下使用，传感器虽为耐水结构，若未装上罩使用，需避免水和水容性切削油等淋到传感器；避免在有化学药剂，特别是在强碱、硝酸、铬酸、热浓硫酸等化学药剂的环境中使用。

红外光电传感器是 NPN 型光电接近开关，输出状态是 0、1，即数字电路中的高电平和低电平。当检测到目标时输出低电平，正常状态下输出高电平。如果是 PNP 型光电接近开关，则状态刚好相反。红外光电传感器外加一个上拉电阻即可连接到 I/O 口上，上拉电阻阻值一般为 1kΩ 左右。

例如：在参考程序中，检测计数函数和延时函数如下：

```
#include<reg51.h>
void delay(unsigned int z);          // 延时函数声明
sbit IRIN=P3^6;                      // 红外输入
void jishu()                         // 定义检测计数函数
{      if(IRIN==0)                   // 如果红外输入 =0
       {    delay(10);               // 延时 10ms
            if(IRIN==0)              // 如果红外输入 =0，避免误检测，所以检测两次
            {
                 while(!IRIN);       // 松手检测
                 ……
            }
       }
}
void delay(unsigned int z)
{
  unsigned int x,y;
  for(x=z;z>0;z--)
    for(y=110;y>0;y--);
}
```

2.1.2　蜂鸣器的工作原理

蜂鸣器是一种一体化结构的电子讯响器，广泛应用于计算机、报警器、电话机等电子产品中作为发声器件。蜂鸣器分为直流和交流两种，直流蜂鸣器只要电源接通就会发出固定不变的声音，使用简单，但无法发出动听的音乐；交流蜂鸣器需要给其提供交变频率信号才能发声，也就是要不断让交流蜂鸣器的电源通断，才能使交流蜂鸣器发出声音。控制电源通断的频率即可改变发出的声音，频率高则声音尖，频率低则声音粗。

蜂鸣器的驱动非常简单，但由于单片机 I/O 引脚输出的电流较小（十几毫安），单片机输出的 TTL（晶体管逻辑电路）电平基本上驱动不了蜂鸣器（50 ～ 100mA），因此需要增加一个电流放大电路。

蜂鸣器的驱动电路如图 2-14 所示，通过一个晶体管来放大电流以驱动蜂鸣器。蜂鸣器的正极接到晶体管的集电极（c）上面，负极接地，晶体管的基极（b）经过限流电阻后由单片机的 P1.3 引脚控制。

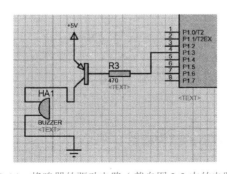

图 2-14　蜂鸣器的驱动电路（截自图 2-2 中的电路）

1. 直流蜂鸣器驱动

若采用图 2-14 所示电路，只要 P1.3 为低电平，晶体管就会饱和导通，直流蜂鸣器发声。参考程序如下：

```
#include<reg51.h>
sbit beep=P1^3;
void main()                        // 报警函数
{
    while(1)
    {
      beep=0;                      // 蜂鸣器响
    }
}
```

2. 交流蜂鸣器驱动

交流蜂鸣器的发声主要是靠单片机发送的不同频率信号而产生，所以单片机要不断地发送"1""0"信号，即单片机与交流蜂鸣器的接口要不断在通和断之间切换，交流蜂鸣器才能根据通断时间的长短而发出不同的声音。参考程序如下：

```
#include<reg51.h>
sbit beep=P1^3;
void delay(unsigned int z)             // 延时函数
{
    unsigned int x,y;
    for(x=z;z>0;z--)
        for(y=110;y>0;y--);
}
void main()                            // 报警函数
{
  while(1)
  {
    beep=0;                            // 蜂鸣器响
    delay(100);                        // 延时
    beep=1;                            // 蜂鸣器不响
    delay(100);                        // 延时
  }
}
```

2.1.3 定时 / 计数器的结构与工作原理

1. 定时 / 计数器的结构

图 2-15 所示是定时 / 计数器的结构框图。

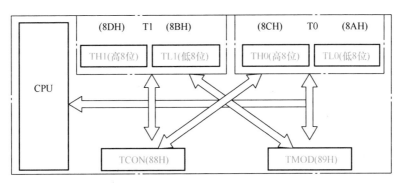

图 2-15　定时 / 计数器的结构框图

STC89C52 单片机内部有三个 16 位定时 / 计数器 T0、T1 和 T2，本书学习常用的 T0 和 T1。T0 由 TH0 和 TL0 组成，高 8 位存放在 TH0 中，低 8 位存放在 TL0 中；T1 由 TH1 和 TL1 组成，高 8 位存放在 TH1 中，低 8 位存放在 TL1 中。TMOD 是定时 / 计数器的工作方式寄存器，由它确定定时 / 计数器的工作方式和功能。TCON 是定时 / 计数器的控制寄存器，用于控制定时 / 计数器的启动、停止和设置溢出标志。

2. 定时 / 计数器的工作原理

16 位的定时 / 计数器实质上就是一个加 1 计数器，每个定时 / 计数器都可由软件设置为定时方式、计数方式或其他灵活多样的可控功能方式。定时 / 计数器属于硬件定时和计数，是单片机中效率高且工作灵活的部件。

1）定时功能（定时 / 计数器用作定时器）。计数器的加 1 信号由振荡器的 12 分频信号产生，每过一个机器周期，计数器加 1，直至计数器溢出，即对机器周期数进行统计。因此，定时功能是对内部机器周期计数，计数值乘以机器周期就是定时时间。

2）计数功能（定时 / 计数器用作计数器）。计数功能是对单片机外部事件进行计数，脉冲由 P3.4（T0）或 P3.5（T1）引脚输入。

3. 定时 / 计数器的控制寄存器

STC89C52 单片机的定时 / 计数器内部包含两个特殊功能寄存器 TMOD 和 TCON。TMOD 用于设置定时 / 计数器的工作方式，TCON 用于控制定时 / 计数器的启动、停止和设置溢出标志。

1）TMOD（工作方式寄存器）。TMOD 用于设置定时 / 计数器的工作方式，高 4 位用于设置 T1，低 4 位用于设置 T0。TMOD 的结构如图 2-16 所示。

图 2-16　TMOD 的结构

① GATE：门控位。GATE=0 时，只要用软件使 TCON 中的 TR0 或 TR1 为 1，就可以启动定时 / 计数器工作；GATE=1 时，用软件使 TR0 或 TR1 为 1，同时 $\overline{INT0}$ 或 $\overline{INT1}$ 为高电平，才能启动定时 / 计数器工作。

② C/$\overline{T}$：功能选择位。C/$\overline{T}$=0 为定时功能，C/$\overline{T}$=1 为计数功能。

③ M1M0：工作方式选择位。定时/计数器有 4 种工作方式，由 M1M0 进行设置。工作方式设置表见表 2-2。

表 2-2　定时/计数器工作方式设置表

M1	M0	工作方式	功能
0	0	工作方式 0	13 位定时/计数器
0	1	工作方式 1	16 位定时/计数器
1	0	工作方式 2	可自动重装载初值的 8 位定时/计数器
1	1	工作方式 3	T0 分为两个 8 位定时/计数器，T1 停止计数

2）TCON（控制寄存器）。TCON 的低 4 位用于控制外部中断，高 4 位用于控制定时/计数器的启动、停止与中断申请。TCON 的结构如图 2-17 所示。

TCON (88H)	TF1	TR1	TF0	TR0	IE1	IT1	IE0	IT0

图 2-17　TCON 的结构

① TF1：T1 溢出中断请求标志位。当定时/计数器 T1 计数溢出时，由 CPU 内硬件自动置 1，表示向 CPU 请求中断。CPU 响应中断后，硬件自动对其清零。TF1 也可由软件程序查询其状态或由软件程序清零。

② TF0：T0 溢出中断请求标志位。其意义和功能与 TF1 相似。

③ TR1：定时/计数器 T1 启动/停止位。TR1=1，T1 启动；TR1=0，T1 停止。

④ TR0：定时/计数器 T0 启动/停止位。TR0=1，T0 启动；TR0=0，T0 停止。

利用定时/计数器实现每 1s 指示灯闪烁一次的方法如下。

用 T0 定时，用工作方式 1 控制，启动 T0，设置 TR0=1。假设定时 1ms 循环 1000 次，实现 1s 延时。程序如下：

```
void main( )
{
    TMOD = 0x01;            // 定时器工作方式
    TH0=0xFC;               // 定时/计数器赋初值
    TL0=0x18;
    TR0 = 1;                // 定时/计数器 T0 启动
}
void timer0()               //1s 延时函数
{
    unsigned int i;
    for(i=0;i<1000;i++)
    {
        TH0=0xFC;
        TL0=0x18;
        TR0=1;
```

```
    while(TF0==0)
    {
        ;                          //空语句，表示等待
    }
    TF0=0;                         //T0 溢出，中断请求标志位清零
    }
}
```

2.1.4　定时 / 计数器的工作方式

STC89C52 单片机定时 / 计数器有 4 种工作方式，由 TMOD 中 M1M0 的状态确定。

1. 工作方式 0

当 M1M0=00 时，定时 / 计数器工作于工作方式 0，结构图如图 2-18 所示。在工作方式 0 下，T0/T1 是 13 位定时 / 计数器，定时 / 计数器由 TL0（TL1）的低 5 位和 TH0（TH1）的全部 8 位构成，TL0（TL1）的高 3 位没有使用。特别需要注意的是 TL0（TL1）的低 5 位计满溢出时不向 TL0（TL1）的第 6 位进位，而是向 TH0（TH1）进位。当 13 位计满溢出时，TF0（TF1）置 1，最大计数值为 2^{13}=8192（计数器初值为 0）。

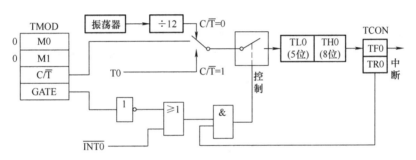

图 2-18　定时 / 计数器工作方式 0 结构图

如果 C/$\overline{T}$ =1，定时 / 计数器工作在计数状态，加法计数器对 T1 或 T0 引脚上的外部脉冲计数。计数值由式（2-1）确定：

$$N=8192-x \qquad\qquad (2\text{-}1)$$

式中，N 为计数值；x 为 TH0（TH1）、TL0（TL1）的初值，x=8191 时 N 为最小计数值 1，x=0 时 N 为最大计数值 8192，即计数范围为 1～8192。

工作方式 0 对定时 / 计数器高 8 位和低 5 位的初值计算很麻烦，易出错。工作方式 0 采用 13 位定时 / 计数器是为了与早期的产品兼容，所以在实际应用中常由 16 位的工作方式 1 取代。

2. 工作方式 1

当 M1M0=01 时，定时 / 计数器工作于工作方式 1，结构图如图 2-19 所示。在工作方式 1 下，T0/T1 是 16 位定时 / 计数器，由 TL0（TL1）作低 8 位，TH0（TH1）作高 8 位。16 位计满溢出时，TF0（TF1）置 1。

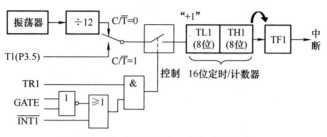

图 2-19 定时 / 计数器工作方式 1 结构图

在工作方式 1 时，计数器的计数值由式（2-2）确定：

$$N=2^{16}-x=65536-x \tag{2-2}$$

式中，N 为计数值；x 为 TH0（TH1）、TL0（TL1）的初值，$x=65535$ 时 N 为最小计数值 1，$x=0$ 时 N 为最大计数值 65536，即计数范围为 1 ～ 65536。

在定时 / 计数器的使用过程中，有一个非常重要的概念，就是定时时间。所谓定时时间就是指定时 / 计数器从开始工作到计满溢出所花的时间，它由式（2-3）确定：

$$定时时间 = (2^{16}-x) \times T \tag{2-3}$$

式中，T 为机器周期，x 为计数初值。

如果晶振频率 $f_{osc}=12\text{MHz}$，则 $T=1\mu s$，定时范围为 1 ～ 65.536ms；若晶振频率 $f_{osc}=6\text{MHz}$，则 $T=2\mu s$，定时范围为 1 ～ 131ms。

式（2-3）是我们使用的定时 / 计数器的出发点，当单片机晶振确定后，机器周期 T 就确定了，这个时候的定时时间就只由计数初值 x 决定，在定时 / 计数器开始工作之前，我们向 TH1、TL1（或 TH0、TL0）装入不同的初值，就会得到不同的定时时间了。

利用定时 / 计数器实现 1s 指示灯闪烁一次的方法如下。

假设使用的是晶振频率为 12MHz 的单片机，选择定时 / 计数器 T0，它的定时范围为 1 ～ 65ms，因此我们可以定时为 1ms，循环 1000 次，刚好是 1s。根据式（2-3）计算出计数初值，计算过程为：$1 \times 10^{-3}=(65536-x) \times 1 \times 10^{-6}$，算出 $x=64536$，写成十六进制是 0xFC18，高 8 位 0xFC 赋值给 TH0，低 8 位 0x18 赋值给 TL0。

程序如下：

```
#include <reg51.h>
typedef unsigned int u16;    // 对数据类型进行定义
typedef unsigned char u8;
sbit led = P1^7;             // 引脚 P1.7 接发光二极管，定义 P1.7 的名称为 led
void Timer0Init();           // 定时 / 计数器初始化
// 主函数
void main()
{
    TMOD = 0x01;             // 定时器工作方式
    TH0=0xFC;                // 定时 / 计数器赋初值
    TL0=0x18;
    TR0 = 1;                 // 定时 / 计数器 T0 启动
    while(1)
```

```
        {
         led=0;
         timer0();
         led=1;
        }
    }

    void timer0()              //1s 延时
    {
        u16 i;
        for(i=0;i<1000;i++)
        {
            TH0=0xFC;
            TL0=0x18;
            TR0=1;
            while(TF0==0)
            {
                    ;              // 空语句，表示等待
            }
            TF0=0;
        }
    }
```

3. 工作方式 2

当 M1M0=10 时，定时 / 计数器工作于工作方式 2，结构图如图 2-20 所示。在工作方式 2 下，T0/T1 是 8 位定时 / 计数器，能自动恢复定时 / 计数器初值。TL0（TL1）参与计数，TH0（TH1）装计数初值，当 TL0（TL1）计数溢出时，硬件自动把 TH0（TH1）的值装入 TL0（TL1）作为下一次计数的初值，不需要用指令重新装入计数初值。

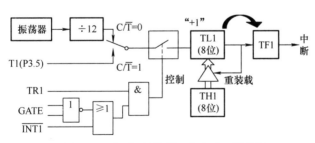

图 2-20　定时 / 计数器工作方式 2 结构图

工作方式 2 与工作方式 0、工作方式 1 不同。工作方式 2 仅用 TL0 计数，最大计数值为 $2^8=256$。计满溢出后，进位 TF0（TF1），使溢出标志位 TF0（TF1）=1，同时原来装在 TH0（TH1）中的初值自动装入 TL0（TL1）。

在工作方式 2 时，计数器的计数值由式（2-4）确定：

$$N=2^8-x=256-x \tag{2-4}$$

式中，N 为计数值；x 为 TH0（TH1）、TL0（TL1）的初值，$x=255$ 时 N 为最小计数值 1，

$x=0$ 时 N 为最大计数值 256，即计数范围为 1 ～ 256。

$$定时时间 = (2^8 - x) \times T \tag{2-5}$$

式中，T 为机器周期，x 为计数初值。

如果晶振频率 f_{osc}=12MHz，则 T=1μs，定时范围为 1 ～ 256μs；若晶振频率 f_{osc}=6MHz，则 T=2μs，定时范围为 1 ～ 512μs。

工作方式 2 既有优点，又有缺点。优点是定时初值可自动恢复，缺点是计数范围小。因此，工作方式 2 适用于需要重复定时，而定时范围不大的应用场合，特别适合用作精确的脉冲信号发生器。

利用定时 / 计数器实现 1s 指示灯闪烁一次的方法如下。

假设使用的是晶振频率为 12MHz 的单片机，选择定时 / 计数器 T0，它的定时范围为 1 ～ 256μs，因此我们可以定时为 200μs，循环 5000 次，刚好是 1s。根据式（2-5）计算出计数初值，计算过程为：$200 \times 10^{-6} = (256-x) \times 1 \times 10^{-6}$，算出 x=56，写成十六进制是 0x38，0x38 赋值给 TH0，TH0 装计数初值，0x38 赋值给 TL0，TL0 参与计数。

```
#include <reg51.h>
typedef unsigned int u16;          // 对数据类型进行定义
typedef unsigned char u8;
sbit led = P1^7;                   // 定义引脚 P1.7 口是 led
void Timer0Init();                 // 定时 / 计数器初始化
// 主函数
void main()
{
    Timer0Init();                  // 定时 / 计数器 T0 初始化
    while(1)
    {
     led=0;
     timer0();
     led=1;
    }
}
// 定时器 T0 初始化
void Timer0Init()
{
    TMOD = 0x02;                    // 选择定时 / 计数器 T0 的定时模式，工作方式
                                    //2，仅用 TR0 启动。
    TH0=0x38;
    TL0=0x38;
    TR0 = 1;                        // 启动定时 / 计数器 T0
}
// 定时 / 计数器 T0 函数
    void timer0( )
    {
        u16 i;
```

```
for(i=0;i<5000;i++)
{
TR0=1;
while(TF0==0)
{
    ;                              // 空语句，表示等待
}
TF0=0;
}
}
```

4. 工作方式 3

当 M1M0=11 时，定时 / 计数器工作于工作方式 3，工作方式 3 仅适用于 T0，T1 无工作方式 3。当 T0 工作在工作方式 3 时，TH0 和 TL0 分成两个独立的 8 位定时 / 计数器。其中，TL0 既可用作定时器，又可用作计数器，并使用原 T0 的所有控制位及定时 / 计数器的中断标志位和中断源。TH0 只能用作定时器，并使用 T1 的控制位（TR1）、中断标志位（TF1）和中断源。

⚒ 举一反三

用红外光电传感器检测药瓶进行计数，当计数值达到 3 时蜂鸣器报警，并且用工作方式 2 实现 1s 定时控制指示灯闪烁。

⚒ 习题训练

⚒ 操作题

设计时间间隔为 1s 的流水灯控制程序。

任务 2　计数模块设计与制作

⚒ 任务描述

▶▶ 基础任务

通过模拟企业智能车间药装生产线，用红外光电传感器检测药瓶并计数，当检测到 3 个药瓶时，蜂鸣器报警，同时指示灯每 1s 闪烁一次（用中断方式实现计数）。

▶▶ 进阶任务

生产线简易防盗报警系统。具体要求：当设置为报警状态时，红外光电传感器检测到有人会进行蜂鸣器发声报警，否则不报警。

任务目标

知识目标	1. 掌握 TCON 中的 IE1、IT1、IE0、IT0 4 位的功能和应用 2. 掌握 IE 和 IP 的功能和应用 3. 掌握中断入口地址的概念及中断入口地址处理程序的安排 4. 掌握中断服务程序的编写
能力目标	1. 会设置 IE、IP、TCON 2. 能够利用中断完成检测计数程序的编写 3. 能够利用中断完成延时程序的编写
素质目标	通过中断系统程序调试，培养安全意识

任务实施

任务工单见附录。

▶▶ 基础任务

1. 硬件设计

硬件电路设计及元器件选择参考如下：

根据任务要求，用按钮模拟红外光电传感器，接到单片机 P3.2 引脚（$\overline{\text{INT0}}$ 引脚），将发光二极管电路接到单片机 P1.7 引脚，采用共阳极的连接方式。报警电路用蜂鸣器实现，接到单片机 P1.3 引脚。元器件列表见表 2-3。

表 2-3 元器件列表

序号	元器件名称	型号 / 规格	数量	Proteus 中的名称
1	单片机	STC89C52	1	用 AT89C51 代替 STC89C52
2	陶瓷电容器	30pF	2	CAP
3	晶振	12MHz	1	CRYSTAL
4	电解电容	10μF	1	CAP-ELEC
5	电阻	10kΩ	1	RES
6	电阻	470Ω	1	RES
7	晶体管		1	PNP
8	蜂鸣器		1	BUZZER
9	发光二极管		1	LED-RED
10	电阻	0.1kΩ	1	RES
11	按钮		1	BUTTON(用按钮代替红外光电传感器)

控制电路图如图 2-21 所示。

2. 软件设计

本任务主要实现检测计数、报警、指示灯闪烁功能，每个功能定义为一个函数，其中

检测计数功能用中断方式实现，总共有 5 个函数，包括主函数、检测计数函数、报警函
数、指示灯闪烁函数和延时函数。

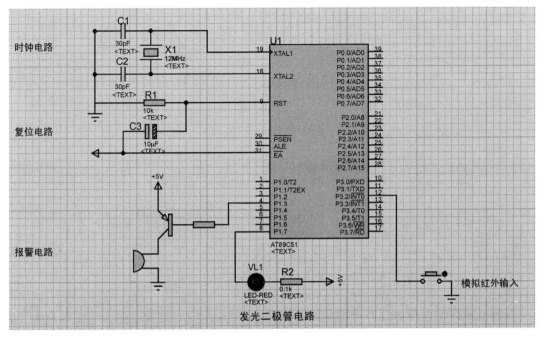

图 2-21　控制电路图

中断编程需要的步骤为开放中断源允许、开放总中断允许、中断函数编程。

主函数流程图如图 2-22 所示。

参考程序如下：

```
#include<reg51.h>
sbit IRIN=P3^2;              // 定义红外光电传感器控制引
                             // 脚，接 INT0 引脚
sbit beep=P1^3;              // 定义蜂鸣器控制引脚
sbit led=P1^7;               // 定义指示灯引脚
void baojing();              // 报警函数声明
void delay(unsigned int z);  // 延时函数声明
void timer0();               //1s 定时函数声明
void main()                  // 主函数
{
    TMOD=0x01;               // 定时 / 计数器 T0，采用工作
                             // 方式 1，定时功能
    TH0=0xFC;                // 定时 / 计数器 T0 赋初值
    TL0=0x18;
    EA=1;                    // 打开中断总允许位
    EX0=1;                   // 打开外部中断 0 的中断允许位
    TR0=1;                   // 启动定时 / 计数器 T0
    while(1)
    {
```

开始

T0初始化

中断初始化

启动T0

点亮指示灯

调用1s定时函数

熄灭指示灯

图 2-22　主函数流程图

```
        led=0;                          // 指示灯亮
        timer0();                       // 调用 1s 定时函数
        led=1;                          // 指示灯灭
    }
}
void timer0()                           //1s 定时函数
{
    unsigned int i;
    for(i=0;i<1000;i++)
    {
        TH0=0xFC;
        TL0=0x18;
        while(TF0==0)
        {
            ;                           // 空语句，表示等待
        }
         TF0=0;
    }
}
```

检测计数中断函数流程图如图 2-23 所示。

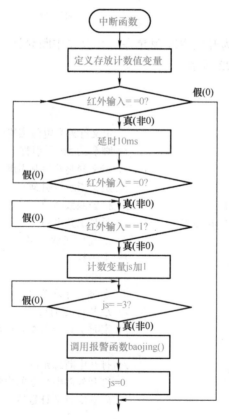

图 2-23   检测计数中断函数流程图

只有当红外光电传感器检测到药瓶时（红外光电传感器接到 P3.2 引脚），$\overline{\text{INT0}}$ 申请中断，在中断允许的情况下，程序才自动跳转到检测计数中断函数 jishu（）。检测计数中断函数执行完毕，返回到跳转处继续执行主程序。所以中断函数与之前编写的函数的不同之处在于：该函数无须事先在程序中安排函数调用语句，当事情发生（红外光电传感器检测到药瓶）时，硬件自动跳转到中断函数执行。

在 C 语言程序中，中断函数使用关键词 interrupt 与中断号来定义，其一般形式如下：

```
void 中断函数名 () interrupt 中断号 [using n]
{
    声明部分 ;
    执行部分 ;
}
```

检测计数中断函数参考程序如下：

```
void jishu() interrupt 0        // 检测计数中断函数 ,INT0 中断号是 0
{
    unsigned int js;
    if(IRIN==0)                 // 如果红外输入 =0
    {   delay(10);              // 延时 10ms
        if(IRIN==0)
        {
            while(!IRIN);       // 松手检测
            js++;
            if(js==3)
            {
            baojing();          // 调用报警函数
            js=0;
            }
        }
    }
}
```

用红外光电传感器检测药瓶并计数，当检测到 3 个药瓶时，蜂鸣器报警，同时指示灯每 1s 闪烁一次（用中断方式实现计数）。完整参考程序请扫描右侧二维码或下载本书电子配套资料查看。

▶▶ 进阶任务

1. 硬件设计

设 S1 是安装在生产线上的红外光电传感器，当红外光电传感器检测到有人时接低电平，当红外光电传感器没有检测到人时接高电平；S2 是报警的选择开关，接 P1.7 引脚，高电平报警，否则不报警；P1.3 引脚接蜂鸣器，需报警时，启动蜂鸣器，否则关闭。

当 S2 设置在报警工作状态时，有人经过时则 S1 接低电平触发 $\overline{\text{INT0}}$ 中断，P1.3 引脚输出低电平，使蜂鸣器发声报警。

根据以上分析画出生产线简易防盗报警系统电路图，如图 2-24 所示。

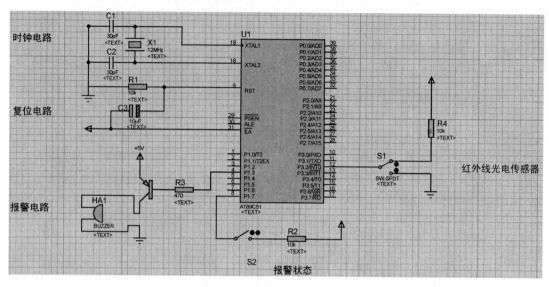

图 2-24　生产线简易防盗报警系统电路图

2. 软件设计

程序流程图如图 2-25 所示。

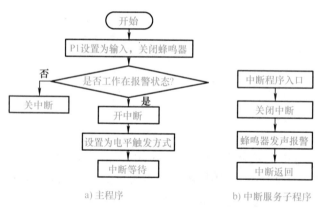

a) 主程序　　　　　　b) 中断服务子程序

图 2-25　程序流程图

参考程序请扫描右侧二维码或下载本书电子配套资料查看。

任务评价

见附录。

知识链接

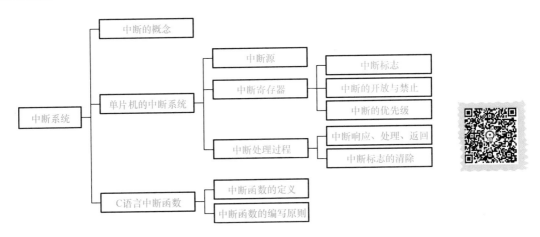

2.2.1　中断的概念

在日常生活中就有很多中断现象，比如小林正在家写作业，此时家里电话响了，而屋外快递员正在投递快递。当内外多个事情同时发生时，小明应该怎样去处理这一系列的事件呢？日常事件与单片机中断相关概念的对比见表 2-4。

表 2-4　日常事件与单片机中断相关概念的对比

日常事件	单片机中断相关概念
小林正在写作业	CPU 主循环
电话响了	内部中断（例如定时 / 计数器中断）
快递员投递快递	外部中断（例如按键外部中断）
先接电话还是先出去拿快递	中断优先级判断
暂停目前的作业去接电话，接完电话继续回来写作业	中断嵌套

中断机制是当有一个紧急情况发生时，就马上中断现在正在做的事，去把紧急情况处理完了，再回到刚才被打断的地方继续做，这样一种处理问题的方法。

2.2.2　单片机的中断系统

1. 中断源

中断源是指向 CPU 发出中断请求的信号来源，STC89C52 单片机有 5 个中断源，其中 2 个是外部中断源，3 个是内部中断源。中断系统的内部结构图如图 2-26 所示。

① $\overline{INT0}$：外部中断 0。从 P3.2 引脚输入，低电平或下降沿引起中断。

② $\overline{INT1}$：外部中断 1。从 P3.3 引脚输入，低电平或下降沿引起中断。

③ T0：定时 / 计数器 T0。由 P3.4 引脚 T0 回零溢出引起中断。

④ T1：定时 / 计数器 T1。由 P3.5 引脚 T1 回零溢出引起中断。

⑤ TI/RI：串行口中断。串行 I/O 口中断，完成一帧字符发送 / 接收引起中断。

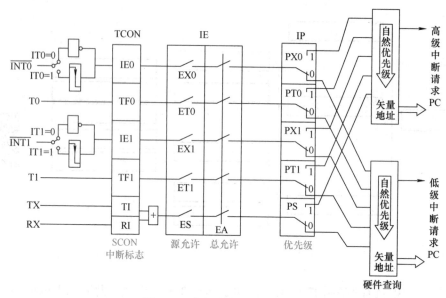

图 2-26　中断系统的内部结构图

2. 中断控制寄存器

STC89C52 单片机与中断控制相关的特殊功能寄存器有定时 / 计数器的控制寄存器（TCON）、中断允许控制寄存器（IE）、中断优先级控制寄存器（IP）、串行口控制寄存器（SCON）。

（1）定时 / 计数器的控制寄存器（TCON）　中断请求标志 $\overline{INT0}$ 、$\overline{INT1}$ 、T0、T1 放在 TCON 中，串行口中断请求标志放在 SCON 中。TCON 的结构见表 2-5。

表 2-5　TCON 的结构

TCON	D7	D6	D5	D4	D3	D2	D1	D0
	TF1	TR1	TF0	TR0	IE1	IT1	IE0	IT0
位地址	8FH	8EH	8DH	8CH	8BH	8AH	89H	88H

① TF1：T1 溢出中断请求标志位。当定时 / 计数器 T1 计数溢出后，TF1 由 CPU 内硬件自动置 1，表示向 CPU 请求中断。CPU 响应该中断后，片内硬件自动对其清零。TF1 也可由软件程序查询其状态或由软件置位清零。

② TF0：T0 溢出中断请求标志位。其意义和功能与 TF1 相似。

③ IE1：外部中断 1 中断请求标志位。当 P3.3 引脚信号有效时，IE1 置 1。CPU 响应该中断后，片内硬件自动对其清零（自动清零只适用于边沿触发方式）。

④ IE0：外部中断 0 中断请求标志位。其意义和功能与 IE1 相似。

⑤ IT1：外部中断 1 触发方式控制位。IT1=1 为边沿触发方式，当 P3.3 引脚的脉冲信号出现下降沿时有效；IT1=0 为电平触发方式，当 P3.3 引脚为低电平时有效。IT1 也可由软件置位或复位。

⑥ IT0：外部中断 0 触发方式控制位。其意义和功能与 IT1 相似。

（2）中断允许控制寄存器（IE）　CPU 对中断系统的所有中断以及某个中断源的开放和屏蔽是由 IE 控制的。IE 的状态可通过程序由软件设定。某位设定为 1，相应的中断源中断允许；某位设定为 0，相应的中断源中断屏蔽。CPU 复位时，IE 各位清零，禁止所有中断。IE 的结构见表 2-6。

表 2-6　IE 的结构

IE	D7	D6	D5	D4	D3	D2	D1	D0
	EA	—	—	ES	ET1	EX1	ET0	EX0
位地址	AFH	AEH	ADH	ACH	ABH	AAH	A9H	A8H

① EA：中断总控制位。EA=1，CPU 开放中断；EA=0，CPU 禁止所有中断。

② ES：串行口中断控制位。ES=1，允许串行口中断；ES=0，屏蔽串行口中断。

③ ET1：定时 / 计数器 T1 中断控制位。ET1=1，允许 T1 中断；ET1=0，禁止 T1 中断。

④ EX1：外部中断 1 中断控制位。EX1=1，允许外部中断 1 中断；EX1=0，禁止外部中断 1 中断。

⑤ ET0：定时 / 计数器 T0 中断控制位。ET1=1，允许 T0 中断；ET1=0，禁止 T0 中断。

⑥ EX0：外部中断 0 中断控制位。EX1=1，允许外部中断 0 中断；EX1=0，禁止外部中断 0 中断。

（3）中断优先级控制寄存器（IP）　STC89C52 单片机有两个中断优先级，即可实现二级中断服务嵌套。每个中断源的中断优先级都是由 IP 中的相应位状态定义。IP 的状态由软件设定，某位设定为 1，则相应的中断源为高优先级中断；某位设定为 0，则相应的中断源为低优先级中断。单片机复位时，IP 各位清零，各中断源处于低优先级中断。IP 的结构见表 2-7。

表 2-7　IP 的结构

IP	D7	D6	D5	D4	D3	D2	D1	D0
	—	—	—	PS	PT1	PX1	PT0	PX0
位地址	BFH	BEH	BDH	BCH	BBH	BAH	B9H	B8H

① PT1：定时 / 计数器 T1 优先级控制位。PT1=1，声明定时 / 计数器 T1 为高优先级中断；PT1=0，声明定时 / 计数器 T1 为低优先级中断。

② PX1：外部中断 1 优先级控制位。PX1=1，声明外部中断 1 为高优先级中断；PX1=0，声明外部中断 1 为低优先级中断。

③ PT0：定时 / 计数器 T0 优先级控制位。PT0=1，声明定时 / 计数器 T0 为高优先级中断；PT0=0，声明定时 / 计数器 T0 为低优先级中断。

④ PX0：外部中断 0 优先级控制位。PX0=1，声明外部中断 0 为高优先级中断；PX0=0，声明外部中断 0 为低优先级中断。

⑤ PS：串行口中断优先级控制位。PS=1，串行口中断为高优先级；PS=0，串行口中断为低优先级。

如果某位被设置为 1，则对应的中断源被设为高优先级；如果某位被清零，则对应的中断源被设定为低优先级。对于同级中断源，系统有默认的优先级顺序，默认的优先级顺序见表 2-8。

表 2-8　同级中断源的优先级顺序

中断源	优先级顺序
外部中断 0	1
定时 / 计数器 T0	2
外部中断 1	3
定时 / 计数器 T1	4
串行口中断	5

设有如下要求，将 T0、外部中断 1 设为高优先级，其他为低优先级，则 IP 的值为 IP 的值：

00000110B，对应的十六进制是 0x06。

在上例中，如果 5 个中断请求同时发生，则中断响应的次序为定时 / 计数器 T0 — 外部中断 1 — 外部中断 0 — 定时 / 计数器 T1 — 串行口中断。

3. 中断响应处理过程

单片机在进行中断处理时，一般分为 4 个步骤：中断请求、中断响应、中断处理和中断返回。图 2-27 所示为中断响应处理过程流程图，其中，图 2-27a 为主程序框图，即在主程序中实现初始化处理，图 2-27b 为硬件自动完成框图，即硬件自动中断处理过程，图 2-27c 为中断服务程序框图，即中断响应后的具体处理过程。

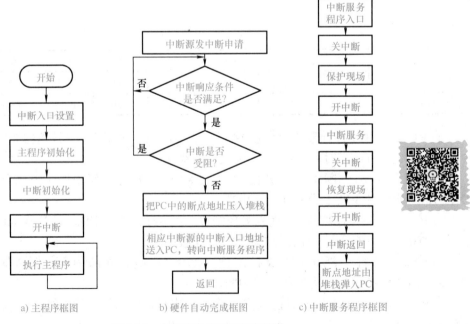

a) 主程序框图　　　　b) 硬件自动完成框图　　　　c) 中断服务程序框图

图 2-27　中断响应处理过程流程图

1）中断请求。当中断源要求 CPU 为它服务时，必须发出一个中断请求信号。同时为保证该中断得以实现，中断请求标志应保持到 CPU 响应该中断后才能取消，CPU 也会不断地及时查询这些中断请求标志，一旦查询到该中断的中断请求标志为 1，就立即响应该中断。

　　2）中断响应。

　　① 中断响应的条件。STC89C52 单片机中断响应条件是：中断源有中断请求且中断允许。STC89C52 单片机工作时，在每个机器周期对所有的中断源按优先级顺序进行检查，如有中断请求，并满足以下条件，则在下一个机器周期响应中断，否则忽略检查结果。

　　a. 该中断对应"阀门"（总阀门和分阀门）已打开。

　　b. CPU 此时没有响应同级或更高级的中断。

　　c. 当前正处于所执行指令的最后一个机器周期。

　　d. 正在执行的指令不是 RETI（中断服务程序返回指令）或者是访问 IE、IP 的指令。

　　② 中断响应操作。STC89C52 单片机中断响应过程是：

　　a. 相应的优先级状态触发器由硬件设置为 1。

　　b. 保护断点。

　　c. 清除中断请求标志，例如 IE0、IE1、TF0、TF1。

　　d. 关闭同级中断。在一种中断响应后，同一优先级的中断被暂时屏蔽，待中断返回时再重新打开。

　　e. 将相应中断的入口地址送入 PC。STC89C52 单片机内部 5 个中断源在内存内部都有其各自对应的中断服务子程序入口地址，见表 2-9。在用 Keil C51 编写中断服务程序时，STC89C52 单片机中 5 个中断源服务程序入口地址是用关键字 interrupt 加一个 0 ～ 4 中的代码（即中断代码，也被称为中断号）组成的。

表 2-9　各中断源及中断服务子程序入口地址表

中断源名称		对应引脚	中断入口地址	C 语言中断源服务程序入口
外部中断 0		$\overline{\text{INT0}}$（P3.2）	0003H	0
定时 / 计数器 T0		T0（P3.4）	000BH	1
外部中断 1		$\overline{\text{INT1}}$（P3.3）	0013H	2
定时 / 计数器 T1		T1（P3.5）	001BH	3
串行口中断	串行接收	RXD（P3.0）	0023H	4
	串行发送	TXD（P3.1）		

　　当中断响应后，CPU 能按中断种类自动跳转到各中断的单元入口地址去执行程序，但实际上在内存中每个中断的 8 个单元难以存放一个完整的中断服务程序，因此用户在使用汇编语言编程时，可在各中断单元地址存放一条无条件跳转指令（LJMP），跳转到实际的中断服务程序执行。

　　3）中断处理。中断服务一般包含以下几个部分：

　　① 保护现场。所谓保护现场，即在中断响应时，将断点处的有关寄存器的内容［如特殊功能寄存器 ACC、PSW、DPTR（数据指针寄存器）等］压入堆栈中保护起来，以便

中断返回时恢复。

② 执行中断服务程序，完成相应操作。中断服务程序中的操作和功能是中断源请求中断的目的，是 CPU 完成中断处理操作的核心和主体。

③ 恢复现场。与保护现场相对应，中断返回前，应将保护现场时压入堆栈中的相关寄存器中的内容从堆栈中取出，返回原有的寄存器，以便中断返回时继续执行原来的程序不出差错。

4）中断返回。汇编语言编的中断程序，必须在最后加 RETI 指令，中断才能返回。Keil C51 不涉及，而且用 Keil C51 编的程序不需要考虑保护、恢复现场的问题，这也是 C 程序语言对学生来说简单易懂的原因。

2.2.3　C 语言中断函数

STC89C52 单片机中断是两级控制，在主程序中，要总中断允许，即 EA=1，然后还要相应的子中断允许。在中断服务程序部分，要正确书写关键字 interrupt 和中断代码（参见表 2-9 各中断源及中断服务子程序入口地址表）。中断服务程序的名字可任意，只要符合 Keil C51 语法即可。

1. 中断函数的定义

在 C 语言程序中，中断函数使用关键词 interrupt 与中断号来定义，其一般形式如下：

```
void 中断函数名 () interrupt 中断号 [using n]
{
    声明部分;
    执行部分;
}
```

格式说明：

1）中断函数无返回值，数据类型以 void 表示，也可省略。

2）中断函数名为标识符，一般以中断名称标识，力求简明易懂，如 T0_int（）。

3）中断号为该中断在 IE 的使能位置，如外部中断 0 的中断号为 0。

4）选项 [using n] 指中断函数使用的工作寄存器组号，n=0 ~ 3。如果使用 [using n] 选项，编译器不产生保护和恢复 R0 ~ R7，执行会快一些，这时中断函数及其调用的函数必须使用不同的工作寄存器，否则会破坏主程序现场。如果不使用 [using n] 选项，中断函数和主程序使用同一种寄存器，在中断函数中，编译器会自动产生保护和恢复 R0 ~ R7，执行速度会慢一些。一般情况下，主程序和低优先级中断函数使用同一组寄存器，而高优先级中断可用选项 [using n] 指定工作寄存器。

2. 中断函数的编写规则

1）不能进行参数传递。如果中断过程包括任何参数声明，编译器将产生一个错误信息。

2）无返回值。如果定义一个返回值，将产生编译错误，但如果返回值的类型是默认的整型，编译器将不能识别出该错误。

3）在任何情况下都不能直接调用中断函数，否则编译器会产生错误。这是因为直接调用中断函数时，硬件寄存器上的标志位没有中断请求存在，所以直接调用是不正确的。这是中断函数和其他子函数的区别。

参考程序如下：

```
void main(void)
{
    EA=1;                              // 开中断
    ES=1;                              // 允许串行口中断
    ET0=1;                             // 允许定时 / 计数器 T0 中断
    EX1=1;                             // 允许外部中断 0 中断
    IT0=1;                             // 外部中断 0 为脉冲触发方式
    ...
}
void com_isr(void) interrupt 4     // 串行口中断服务程序,4是串行口中断服务程序代码
{
    ...// 串行口程序
}
void T0_Int() interrupt 1          // 定时 / 计数器 T0 中断服务程序,1是 T0
                                   // 中断服务程序代码
{
    ...// 定时 / 计数器 T0 程序
}
void Int0_Int() interrupt 0        // 外部中断 0 中断服务程序,0是 INT0 中断
                                   // 服务程序代码
{
    ...// INT0 程序
}
```

ex2_1.c 中的检测计数中断函数及主函数如下：

```
void jishu() interrupt 0                     // 检测计数中断函数
{
    unsigned int js;
    if(IRIN==0)                          // 如果红外输入 =0
    {   delay(10);                       // 延时 10ms
        if(IRIN==0)
        {
            while(!IRIN);                // 松手检测
            js++;
            if(js==3)
            {
                baojing();               // 调用报警函数
                js=0;
            }
        }
    }
}
```

```
}
void main()                                    // 主函数
{
TMOD=0x01;
TH0=0xFC;
TL0=0x18;
TR0=1;
EA=1;                                          // 中断总允许位为 1
EX0=1;                                         // 外部中断 0 允许位为 1
   while(1)
   {
     led=0;
     timer0();
     led=1;
   }
   }
```

举一反三

用红外光电传感器检测药瓶并计数，当检测到 3 个药瓶时，蜂鸣器报警，同时指示灯每 1s 闪烁一次（用中断方式实现 1s 定时函数）。参考程序请扫描右侧二维码或下载本书电子配套资料查看。

拓展提高

汽车配件生产线监视器设计的具体要求：用 T0 监视一条汽车配件生产线，用一个红外光电传感器检测工件的通过情况，当工件通过红外光电传感器时，红外光电传感器输出一个负脉冲信号，该信号作为工件计数信号。当计数达到 100 时，发出一个包装命令，即给接包装机开关的 P1.0 引脚高电平，包装成一箱，并记录其箱数，包装一箱用时 1s。

任务分析：

T0 用作计数器，每计数 100 个，计满溢出，申请中断。CPU 响应中断，向 P1.0 发出高电平（1s），控制包装机打包。打包完成后，再给 P1.0 低电平。

T0 的 4 种工作方式均可满足计数要求，最大计数值都超过 100，而工作方式 2 具有自动重装载功能，因此选用 T0 工作方式 2 进行计数，并确定 TMOD 的值和计数初值：

TMOD=00000110=0x06；计数初值 $N=2^8-100=156=0x9C$；根据以上分析画出汽车配件生产线监视器设计电路图，如图 2-28 所示。

程序流程图如图 2-29 所示。

参考程序请扫描右侧二维码或下载本书电子配套资料查看。

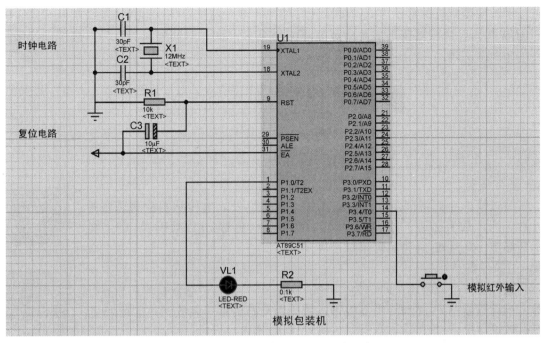

图 2-28　汽车配件生产线监视器设计电路图

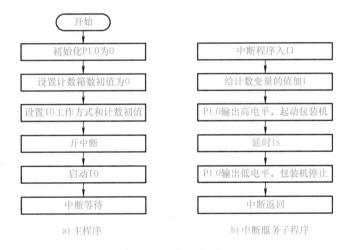

a) 主程序　　　　　　　　　b) 中断服务子程序

图 2-29　程序流程图

习题训练

操作题

可控霓虹灯设计。系统有 8 个霓虹灯（发光二极管），在 P3.2 引脚连接一个按键，通

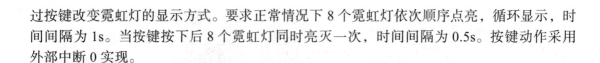

过按键改变霓虹灯的显示方式。要求正常情况下 8 个霓虹灯依次顺序点亮，循环显示，时间间隔为 1s。当按键按下后 8 个霓虹灯同时亮灭一次，时间间隔为 0.5s。按键动作采用外部中断 0 实现。

任务 3 显示模块设计与制作

任务描述

>> **基础任务**

通过模拟企业智能车间药装生产线，利用红外光电传感器检测药瓶并计数，当计数值达到 3 时蜂鸣器报警，数码管（也称 LED 数码管）静态显示药瓶数，并且每 1s 指示灯闪烁一次。

>> **进阶任务**

通过模拟企业智能车间药装生产线，利用红外光电传感器检测药瓶并计数，当计数值达到 11 时蜂鸣器报警，数码管动态显示药瓶数，并且每 1s 指示灯闪烁一次。

任务目标

知识目标	1. 掌握数码管的结构和工作原理 2. 掌握数码管静态显示电路连接及编程方法 3. 掌握数码管动态显示电路连接及编程方法
能力目标	1. 会连接数码管静态和动态电路 2. 会编写数码管静态显示程序 3. 会编写数码管动态显示程序
素质目标	1. 通过讲解数码管动态显示原理，能够知道利用人眼的惰性，实现理论知识可视化 2. 通过数码管静态和动态显示产品数，培养解决问题的能力，以及科学认识论、辩证统一的认识论和方法论

任务实施

任务工单见附录。

>> **基础任务**

1. 硬件设计

硬件电路设计及元器件选择参考如下：

根据任务要求，采用数码管静态显示药瓶数。此处使用一个共阴极数码管，采用静态连接方式，共阴极数码管的段选端 a～g、dp 连接到 P2.0～P2.7 引脚，位选端 COM 接地。显示模块系统电路框图如图 2-30 所示。

根据系统电路框图，选择元器件。元器件列表见表 2-10。

控制电路图如图 2-31 所示。

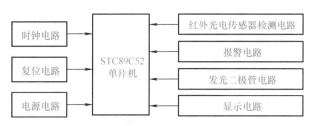

图 2-30　显示模块系统电路框图

表 2-10　元器件列表

序号	元器件名称	型号/规格	数量	Proteus 中的名称
1	单片机	STC89C52	1	用 AT89C51 代替 STC89C52
2	陶瓷电容器	30pF	2	CAP
3	晶振	12MHz	1	CRYSTAL
4	电解电容	10μF	1	CAP–ELEC
5	电阻	10kΩ	1	RES
6	电阻	470Ω	1	RES
7	晶体管		1	PNP
8	蜂鸣器		1	BUZZER
9	发光二极管		1	LED–RED
10	电阻	0.1kΩ	1	RES
11	共阳极数码管		1	7SEG–COM–AN–BLUE
12	共阴极数码管		1	7SEG–COM–CAT–BLUE

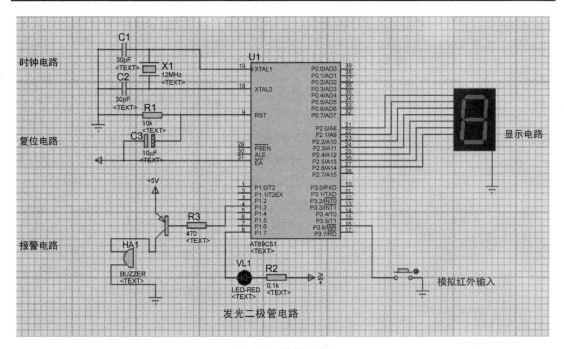

图 2-31　控制电路图

2. 软件设计

将单片机 P2 口的 P2.0 ～ P2.7 引脚连接到一个共阴数码管的 a ～ g、dp 段上，数码管的位选端 COM 接地。在数码管上循环显示一位药瓶数，时间间隔约为 1s。参考程序如下：

```c
// 程序 :ex2_6.c
    #include<reg51.h>
    sbit IRIN=P3^6;                        // 红外光电传感器
    sbit beep=P1^3;                        // 蜂鸣器
    sbit led=P1^7;                         // 信号灯
    void jishu();                          // 计数函数声明
    void baojing();                        // 报警函数声明
    void delay(unsigned int z);            // 延时函数声明
    unsigned int shumaguan[]={0x3F,0x06,0x5B,0x4F,0x66,0x6D,
     0x7D,0x07,0x7F,0x6F};// 定义一维数组，数组元素是共阴极数码管显示 0 ～ 9
    的字形码
    void display(unsigned int xs);         // 显示函数声明
    void jishu()                           // 定义计数函数
    {
        unsigned int js;
        if(IRIN==0)                        // 如果红外输入 =0
        {   delay(10);                     // 延时 10ms
        if(IRIN==0)
        {
          while(!IRIN);                    // 松手检测
          js++;
          display(js);                     // 调用显示函数
          if(js==3)
          {
            baojing();                     // 调用报警函数
            display(js);                   // 调用显示函数
            js=0;
            display(js);                   // 调用显示函数
          }
        }
        }
    }
void baojing()                             // 定义报警函数
{
  beep=0;                                  // 蜂鸣器响
  delay(100);
  beep=1;                                  // 蜂鸣器不响
  delay(100);
}
void timer0() interrupt 1                  // 定义 1s 中断函数
{
```

```
        unsigned int i;
        for(i=0;i<1000;i++)
        {
        TH0=0xFC;
        TL0=0x18;
        led=~led;
        }
    }
void delay(unsigned int z)              // 延时函数
{
    unsigned int x,y;
    for(x=z;z>0;z--)
        for(y=110;y>0;y--);
}
void main()                              // 主函数
{
    TMOD=0x01;                           //T0 工作方式 1 定时功能
    ET0=1;                               //T0 的中断允许位设为 1
    EA=1;                                // 开启中断总允许位
    TR0=1;                               // 启动 T0
    while(1)
    {
        jishu();
    }
}
void display(unsigned int xs)            // 定义显示函数
{
    P2=shumaguan[xs];                    // 引用数组中的元素
}
```

▶▶ 进阶任务

1. 硬件设计

硬件电路设计及元器件选择参考如下：

根据任务要求，采用数码管动态显示药瓶数。此处使用四位一体共阴极数码管，采用动态连接方式，8 个段选端 a～g、dp 连接到 P2.0～P2.7 引脚，4 个位选端分别连接到 P3.0～P3.3 引脚。元器件列表见表 2-11。

表 2-11　元器件列表

序号	元器件名称	型号 / 规格	数量	Proteus 中的名称
1	单片机	STC89C52	1	用 AT89C51 代替 STC89C52
2	陶瓷电容器	30pF	2	CAP
3	晶振	12MHz	1	CRYSTAL
4	电解电容	10μF	1	CAP-ELEC
5	电阻	10kΩ	1	RES

（续）

序号	元器件名称	型号/规格	数量	Proteus 中的名称
6	电阻	470Ω	1	RES
7	晶体管		1	PNP
8	蜂鸣器		1	BUZZER
9	发光二极管		1	LED-RED
10	电阻	0.1kΩ	1	RES
11	四位一体共阴极数码管		1	7SEG-MPX4-CC
12	四位一体共阳极数码管		1	7SEG-MPX4-CA

控制电路图如图 2-32 所示。

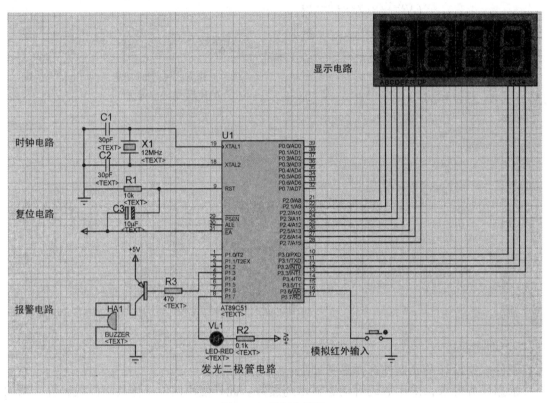

图 2-32 控制电路图

🔍 小经验

① 采用 DIP40 插座，方便单片机插拔。

② 注意电解电容和发光二极管都有正负极之分，在电路中不能接反。

③ 焊接晶振电路时尽可能靠近单片机，以减小电路板的分布电容，使晶振频率更加稳定。

④ 元器件分布时，要考虑为后面不断增加的元器件预留适当的位置，且元器件引脚不宜过高。

> **小锦囊**
>
> 电子装接工艺：
> ① 元器件选择装配正确，位置适中 。　② 焊点完整、均匀、圆滑、光泽一致。
> ③ 板面清洁。　④ 电路板及焊盘无损坏。
> ⑤ 正确将电路板安装到产品上，位置合理。⑥ 连线正确且安装工艺符合要求。

2. 软件设计

流程图如图 2-33 所示。

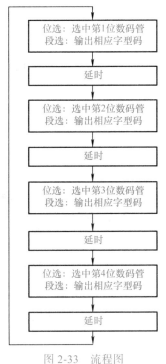

图 2-33　流程图

参考程序如下：

```c
// 程序 :ex2_7.c
#include<reg51.h>                    //51 单片机头文件
sbit IRIN=P3^6;                      // 红外光电传感器
sbit beep=P1^3;                      // 蜂鸣器
sbit led=P1^7;                       // 信号灯
sbit led1=P3^0;                      // 显示位定义
sbit led2=P3^1;                      // 显示位定义
sbit led3=P3^2;                      // 显示位定义
sbit led4=P3^3;                      // 显示位定义
void jishu();                        // 计数函数声明
void baojing();                      // 报警函数声明
void delay(unsigned int z);          // 延时函数声明
```

```c
unsigned int shumaguan[10]={0x3F,0x06,0x5B,0x4F,0x66,0x6D,0x7D,0x
07,0x7F,0x6F};
void display(unsigned int xs);          // 显示函数声明
void jishu()                            // 计数函数定义
{
    unsigned int js;
     if(IRIN==0)                        // 如果红外输入 =0
     {  delay(10);                      // 延时 10ms
       if(IRIN==0)
     {
        while(!IRIN);                   // 松手检测
        js++;
        display(js);
        if(js==3)
        {
          baojing();                    // 调用报警函数
          display(js);
          js=0;
          display(js);
        }
      }
    }
}
void baojing()                          // 报警函数定义
{
  beep=0;                               // 蜂鸣器响
  delay(100);
  beep=1;                               // 蜂鸣器不响
  delay(100);
}
void timer0() interrupt 1               // 定时 1s 中断函数
{
    unsigned int i;
    for(i=0;i<1000;i++)
    {
      TH0=0xFC;
      TL0=0x18;
      led=~led;
    }
}
void delay(unsigned int time)           // 延时函数
{
   unsigned int j=0;
   for(;time>0;time--)
   for(j=0;j<125;j++);
}
void main()                             // 主函数
{
```

```
    TMOD=0x01;                          //T0 工作方式 1  定时功能
    ET0=1;                              //T0 中断允许位设为 1
    EA=1;                               // 开启中断总允许位
    TR0=1;                              // 启动 T0
    while(1)
    {
        jishu();                        // 调用计数函数
    }
}
void display(unsigned int xs)           // 显示函数
{
    unsigned int sge,sshi,sbai,sqian;
    sge   =xs%10;                       // 拆分个位
    sshi  =xs%100/10;                   // 拆分十位
    sbai  =xs%1000/100;                 // 拆分百位
    sqian =xs%10000/1000;               // 拆分千位
    led4=0;                             // 第一位打开
    P2=shumaguan[sge];                  // 送数据
    delay(1);                           // 延时
    led4=1;                             // 关显示
    led3=0;
    P2=shumaguan[sshi];
    delay(1);
    led3=1;
    led2=0;
    P2=shumaguan[sbai];
    delay(1);
    led2=1;
    led1=0;
    P2=shumaguan[sqian];
    delay(1);
    led1=1;
}
```

任务评价

见附录。

知识链接

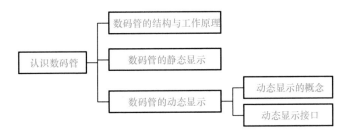

2.3.1 数码管的结构与工作原理

数码管经常用在单片机的测控系统中作为人机交互的终端，显示数据处理的结果，它广泛用于仪器仪表、时钟、电梯、空调等。8 段数码管如图 2-34 所示。

数码管是由 7 个管芯为磷化镓或砷化镓的发光二极管封装在一起组成"8"字形的器件，可以显示 0 ~ 9 和 A ~ F 的数字或符号，另外，还有些数码管带一个小数点发光段构成 8 段数码管。数码管的引线已在内部连接完成，只需引出它们的各个笔画和公共电极。图 2-35 所示为引脚定义。

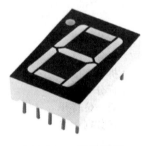

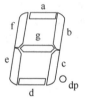

图 2-34　8 段数码管　　　　　　　　　图 2-35　引脚定义

数码管根据 LED 的接法不同分为共阴极和共阳极两类，图 2-36 所示为数码管原理图。共阳（阴）极数码管中 8 个发光二极管的阳（阴）极连接在一起，即为共阳（阴）极接法，简称共阳（阴）数码管。通常，公共阳（阴）极接高（低）电平（一般接电源），其他引脚接段驱动电路输出端。当某段驱动电路的输入端为低（高）电平时，该端所连接的字段导通并点亮。根据发光字段的组合不同可显示出各种数字或字符。数码管是电流控制器件，其发光强度由流过数码管的电流控制，一般维持数码管正常发光的电流为 10mA 左右。数码管导通以后两端的电压一般为 1.8 ~ 2.2V，单片机系统工作电压为 5V，因此，为保护数码管中各段不受损坏，每段需要加限流电阻。

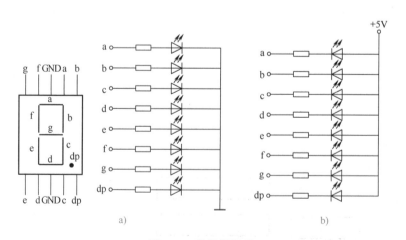

图 2-36　数码管原理

了解数码管的这些工作特性，对编程是很重要的。因为不同类型的数码管，除了它们的硬件电路有差异外，编程方法也是不同的。

假设单片机的 P1 口接数码管，P1.0 接 a 段，P1.1 接 b 段，以此类推，P1.6 接 g 段，P1.7 接 dp 段。当单片机 P1 口输出给数码管各段不同的电平时，数码管显示不同亮灭的组合就可以形成不同的字形，这种组合称之为字形码。以 1 为高电平，0 为低电平，数码管字形段码表见表 2-12。

表 2-12　数码管字形段码表

显示字形	dp	g	f	e	d	c	b	a	共阴极编码	共阳极编码
0	0	0	1	1	1	1	1	1	0x3F	0xC0
1	0	0	0	0	0	1	1	0	0x06	0xF9
2	0	1	0	1	1	0	1	1	0x5B	0xA4
3	0	1	0	0	1	1	1	1	0x4F	0xB0
4	0	1	1	0	0	1	1	0	0x66	0x99
5	0	1	1	0	1	1	0	1	0x6D	0x92
6	0	1	1	1	1	1	0	1	0x7D	0x82
7	0	0	0	0	0	1	1	1	0x07	0xF8
8	0	1	1	1	1	1	1	1	0x7F	0x80
9	0	1	1	0	1	1	1	1	0x6F	0x90
A	0	1	1	1	0	1	1	1	0x77	0x88
b	0	1	1	1	1	1	0	0	0x7C	0x83
C	0	0	1	1	1	0	0	1	0x39	0xC6
d	0	1	0	1	1	1	1	0	0x5E	0xA1
E	0	1	1	1	1	0	0	1	0x79	0x86
F	0	1	1	1	0	0	0	1	0x71	0x8E

2.3.2　数码管的静态显示

所谓静态显示，就是每个数码管的每一个段码都由单片机的一个 I/O 口进行驱动，当数码管显示某一字符时，相应的发光二极管恒定导通或是截止。例如，7 段数码管的 a、b、c、d、e、f 导通，g 截止，则显示 0。这种显示的优点是编程简单，显示亮度高，缺点是占用 I/O 口多，如 5 个数码管静态显示就需要 5×8=40 根 I/O 口线来驱动。要知道一个STC89C52 单片机可用的 I/O 口才 32 个，故实际应用时必须增加驱动器进行驱动，增加了硬件电路的复杂性。

利用红外光电传感器检测产品进行计数，当计数值达到 3 时报警并用数码管静态显示，并且每 1s 信号灯闪烁一次。

将 STC89C52 单片机 P2 口的 P2.0～P2.7 引脚连接到一个共阴极数码管的a～g、dp 段上，数码管的位选端接地。在数码管上循环显示一位数的产量，时间间隔约为 1s。

数码管静态显示电路如图 2-37 所示。

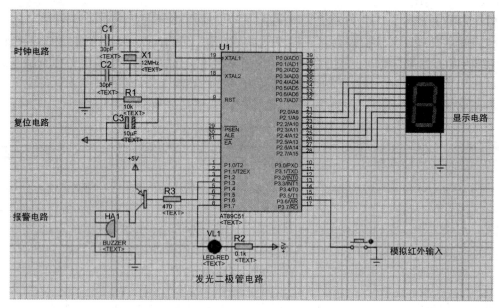

图 2-37　数码管静态显示电路

将共阴极数码管 0 ~ 9 对应的字形码定义为一个一维数组：

```
unsigned int shumaguan[]={0x3F,0x06,0x5B,0x4F,0x66,0x6D,0x7D,0x07,
0x7F,0x6F};
```

定义一个显示函数 display（ ），将要显示的共阴极字形码（在一维数组中）送到数码管的段选端 P2 口：

```
unsigned char display(unsigned char xs)        // 显示函数
{
    P2=shumaguan[xs];
}
```

2.3.3　数码管的动态显示

数码管动态显示是单片机中应用非常广泛的一种显示方式，动态驱动是将所有数码管的 8 个显示笔画 a ~ g、dp 的同名端并接在一起，接到单片机的段码驱动 I/O 口。另外为每个数码管的公共端 COM 即位选端增加位选通控制电路，位选通控制电路由各自独立的 I/O 线控制，实现分时选通。动态显示是把各数码管的相同段选线并联在一起，由一个 8 位 I/O 口控制，其位选端由其他的 I/O 口控制，然后采用扫描方法轮流点亮各位数码管，使每位数码管分时显示各自应该显示的字符。动态显示的特点是占用端口资源少，适用于连接多个数码管。图 2-38 所示为 4 位数码管的动态显示接口。

4 个共阴极数码管的所有段码线并联在一起，接到单片机的 P2.0 ~ P2.7 引脚，4 个位选端分别为 P3.0 ~ P3.3，它们不能同时为低电平。当 P2.0 ~ P2.7 引脚输送一个段显示数据时，由于 4 位数码管的段码线并接共用，故 P2.0 ~ P2.7 引脚的段码同时送到 4 位数码管的 a ~ g、dp 段，若此时 4 位数码管的位选线 P3.0 ~ P3.3 全部接低电平，则 4 个数码管显示同一个数字，这其实没有意义。为能使 4 位数码管显示 4 个不同的数字，必须使 4 位数码管轮流显示。

在图 2-38 中，要想从左至右显示数字 1 ～ 4，须通过如下方式实现。先显示数字 1，由表 2-12 可知，送数字 0x06 到 P2.0 ～ P2.7 段选端，与此同时，从位选线送出数据，使左边第 1 位数码管的位选端导通，即 P3.0 为 0，位选线 P3.1 ～ P3.3 为高电平。这样左边第 1 位数码管便会显示数字 1。接着从 P2.0 ～ P2.7 送下一个显示数字的段码，从 P3.1 输出 0 使第 2 位数码管导通显示，按同样的方法直到第 4 位数码管显示数字。不断循环重复这一过程便能在数码管中显示 4 个连续数字。

很显然，在此过程中，任意时刻 4 个数码管中只有一个在导通显示，它们轮流工作。只要数码管轮流时间足够短（小于人眼视觉残留时间），4 个数码管中显示的便是连续数字。

通过分时轮流控制各个数码管的 COM 端，使各个数码管轮流受控显示，这就是动态驱动。在轮流显示过程中，每位数码管的点亮时间为 1 ～ 2ms，由于人眼的视觉暂留现象（即余辉效应），尽管实际上各位数码管并非同时点亮，但只要调整电流和时间参数，就可以实现亮度较高、较为稳定的显示，不会有闪烁感。尽管动态显示和静态显示效果是一样的，但它能够节省大量的 I/O 口，且功耗更低。

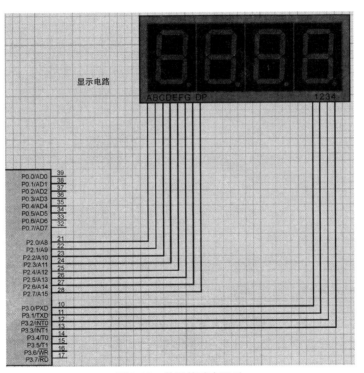

图 2-38　数码管动态显示

定义一个显示函数 display()，先选中第 4 位数码管，显示个位，给第 4 位数码管对应的位选端 P3.3 引脚给低电平（因为采用的是共阴极数码管所以低电平为 0），然后再将要显示的数值对应的共阴极数码管字形码送到段选端 P2 口，延时一段时间；接着选中第 3 位数码管，显示十位，给第 3 位数码管对应的位选端 P3.2 引脚低电平，然后再将要显示的数值对应的共阴极数码管字形码送到段选端 P2 口，以此类推。参考程序如下：

```
sbit led1=P3^0;                                    //第1位数码管定义
sbit led2=P3^1;                                    //第2位数码管定义
sbit led3=P3^2;                                    //第3位数码管定义
sbit led4=P3^3;                                    //第4位数码管定义
unsigned int shumaguan[10]={0x3F,0x06,0x5B,0x4F,0x66,0x6D,0x7D,
0x07,0x7F,0x6F};                                   //定义一维数组，存放共阴极数码管
                                                   //显示0～9的段码值

void display(unsigned int xs)
{
  unsigned int sge,sshi,sbai,sqian;
    sge       =xs%10;                              //拆分个位
    sshie     =xs%100/10;                          //拆分十位
    sbaie     =xs%1000/100;                        //拆分百位
    sqian     =xs%10000/1000;                      //拆分千位
    led4=0;                                        //第1位显示打开
    P2=shumaguan[sge];                             //送数据
    delay(1);                                      //延时
    led4=1;                                        //关显示，防止拖影现象
    led3=0;
    P2=shumaguan[sshi];
    delay(1);
    led3=1;                                        //关显示
    led2=0;
    P2=shumaguan[sbai];
    delay(1);
    led2=1;                                        //关显示
    led1=0;
    P2=shumaguan[sqian];
    delay(1);
    led1=1;                                        //关显示
}
```

小锦囊

　　显示"12"这两位数，是由数码管的动态显示原理实现的。所谓动态显示，就是利用循环扫描的方式，分时轮流选通各个数码管的位选端，使各个数码管轮流导通。即"12"这两位数不是同时显示出来，而是分时先显示"1"，然后再显示"2"，当计算机扫描速度达到1～2ms时，人眼由于有视觉暂留现象，就分辨不出来了，认为是各个数码管同时发光。

　　关显示"led4=0"可以防止拖影现象，以免影响显示效果。如果在字符交替显示时，不关掉显示的话，会将上一个字符显示在下一个字符位置上很短的时间，形成拖影，导致显示效果不美观。

拓展提高

利用单片机设计用数码管显示中华人民共和国成立时间"19491001"。具体要求：使用 8 位一体共阳极数码管显示"19491001"。

8 位一体共阴极数码管在 Proteus 中的名称是 7SEG–MPX8–CC–BLUE，8 位一体共阳极数码管在 Proteus 中的名称是 7SEG–MPX8–CA–BLUE。

习题训练

编程题（1+X 考证题目）

（1）功能要求　使用 ALED1 ~ ALED3 模拟交通灯，其中 ALED1 代表红灯，ALED2 代表绿灯，ALED3 代表黄灯。ALED1 点亮 10s 后熄灭，ALED2 点亮 10s 后熄火，ALED3 点亮 2s 后熄灭，依次循环。通过数码管显示当前指示灯倒计时时间，数码管显示格式如图 2-39 所示。

8	8	0	3
熄灭		计时：03	

图 2-39　数码管显示格式

在 ALED2（绿灯）点亮期间，按下 AKEY1 按键，可"暂停"倒计时，松开 AKEY1 按键，"恢复"倒计时，其他状态下，AKEY1 按键无效。

设计要求：单片机内部晶振频率设置为 12MHz，设备上电后，默认红灯点亮，从 10s 开始倒计时。

（2）配置要求　单片机内部晶振频率为 12MHz。

功能要求：通过按键 ASW1 控制 ALED1 ~ ALED4 循环位移点亮，每按下 ASW1 按键一次，指示灯位移一位。

循环切换过程如图 2-40 所示：

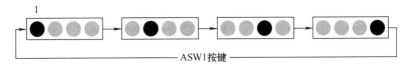

图 2-40　循环切换过程

通过数码管显示当前点亮的指示灯编号，显示格式如图 2-41 所示。

图 2-41　指示灯编号

当前点亮的指示灯为 ALED4（前 3 位数码管保持熄灭状态）。

设备上电后，指示灯默认初始状态为 ALED1 点亮，ALED2、ALED3、ALED4 熄灭，数码管显示数字"1"。

 科创实践

1. 交通灯设计与制作

设计要求：

① 正常情况下，见表 2-13，东西南北轮流点亮交通灯。

② 特殊情况下，东西方向放行 5s。

③ 紧急情况下，东西南北方向均为红灯，持续 10s，紧急情况优先级高于特殊情况。

表 2-13　交通灯显示状态

东西方向			南北方向			状态说明
红灯	黄灯	绿灯	红灯	黄灯	绿灯	
灭	灭	亮	亮	灭	灭	东西方向通行，南北方向禁行，55s
灭	灭	闪烁	亮	灭	灭	东西方向提醒，南北方向禁行，3s
灭	亮	灭	亮	灭	灭	东西方向警告，南北方向禁行，2s
亮	灭	灭	灭	灭	亮	东西方向禁行，南北方向通行，55s
亮	灭	灭	灭	灭	闪烁	东西方向禁行，南北方向提醒，3s
亮	灭	灭	灭	亮	灭	东西方向禁行，南北方向警告，2s

2. 8 路抢答器设计与制作

设计要求：

① 可同时供 8 名选手参加比赛，他们的编号分别是 1 ～ 8，每名选手各用一个抢答按钮，按钮的编号与选手的编号相对应，分别是 S1 ～ S8。

②给节目主持人设置 start 和 end 两个控制开关，用来控制系统中抢答的开始和结束。

③抢答器具有数据锁存、显示、声音提示的功能。抢答开始前，若有选手按动抢答按钮，则视为违规，要显示其编号，并长响蜂鸣器；抢答开始后，若有选手按动抢答按钮，编号立即锁存，并在数码管上显示出选手的编号，同时蜂鸣器给出音响提示，此外，要封锁输入电路，禁止其他选手再抢答。优先抢答选手的编号将在数码管上一直保持到主持人将系统清零为止。

任务 4　通信模块设计与制作

✖ 任务描述

>> 基础任务

通过模拟企业智能车间药装生产线，甲单片机利用红外光电传感器检测药瓶并计数，然后把计数结果通过串行口传送给乙单片机，并在乙单片机连接的数码管上显示药瓶数。当计到 3 个药瓶时，蜂鸣器报警，同时每 1s 指示灯闪烁一次。

>> 进阶任务

甲单片机使用矩阵式键盘输入 6 位密码，通过串行口发送密码给乙单片机，乙单片机接收到密码后，在 6 位一体数码管上显示出来。

✖ 任务目标

知识目标	1. 掌握串行口通信的结构和工作原理 2. 掌握单片机之间的通信连接 3. 掌握串行口通信程序设计方法 4. 掌握使用单片机读取矩阵式键盘按键状态的方法 5. 掌握消除按键抖动的方法 6. 掌握检测按键状态的方法
能力目标	1. 会通过串行口通信实现通信 2. 会编写串行口通信程序 3. 会调试串行口通信模块 4. 能设计出矩阵式键盘与单片机连接的硬件电路 5. 能完成矩阵式键盘检测的程序设计
素质目标	1. 通过串行口通信任务，培养分析能力、动手能力和创新能力 2. 通过小组分工协作完成任务的形式，培养团队合作能力 3. 通过调试串口通信程序，培养认真细致、精益求精的工匠精神 4. 养成检测、反馈与调整的职业习惯

✖ 任务实施

任务工单见附录。

>> 基础任务

1. 硬件设计

硬件电路设计及元器件选择参考如下：

根据任务要求，甲单片机的 P3.6 接按钮（模拟红外光电传感器）；乙单片机的 P3.4 接发光二极管电路，P3.5 接报警电路，一个锁存器的 D0 ～ D7 接乙单片机的 P1.0 ～ P1.7，Q0 ～ Q7 接 4 位一体共阴极数码管的段选端 a ～ g.dp，另一个锁存器的 D0 ～ D7 接乙单片机的 P1.0 ～ P1.7，Q0 ～ Q3 接数码管的位选端 1 ～ 4。甲单片机的 TXD（P3.1，串行输出口）引脚接乙单片机的 RXD（P3.0，串行输入口）引脚，甲单片机的 RXD（P3.0）引脚接乙单片机的 TXD（P3.1）引脚。需要注意的是，两个系统必须接地。

元器件列表见表 2-14。

表 2-14　元器件列表

序号	元器件名称	型号 / 规格	数量	Proteus 中的名称
1	单片机	STC89C52	1	用 AT89C51 代替 STC89C52
2	陶瓷电容器	22pF	2	CAP
3	晶振	11.0592MHz	1	CRYSTAL
4	电解电容	22μF	1	CAP-ELEC
5	电阻	470Ω	1	RES
6	按钮		1	BUTTON
7	晶体管		1	PNP
8	蜂鸣器		1	BUZZER
9	发光二极管		1	LED-RED
10	电阻	220Ω	1	RES
11	4 位一体 共阴极数码管		1	7SEG-MPX4-CC
12	电阻	10kΩ	1	RES
13	锁存器		2	74HC573

控制电路图如图 2-42 所示。

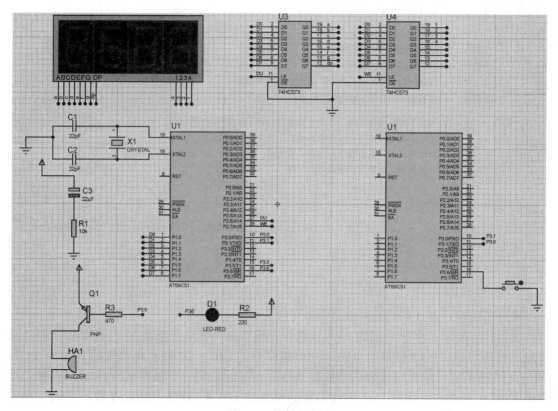

图 2-42　控制电路图

在单片机串行口设计中，建议使用频率为 11.0592MHz 的晶振，可以计算出比较精确的波特率。尤其在单片机与 PC 的通信中，必须使用频率为 11.0592MHz 的晶振。

2. 软件设计

甲单片机发送数据的程序如下：

```c
// 程序: ex2_8.c
#include<reg51.h>
#define uchar unsigned char
#define uint unsigned int
sbit K1 = P3^6;
void delay(uint ms)
{
    uchar i;
    while(ms--)
        for(i = 0;i < 120;i++);
}
void Putc(uchar c)              // 定义串行口发送数据函数
{
    SBUF = c;                   // 发送 c 变量中的数据到 SBUF 中
    while(TI == 0)              // 查询等待发送是否完成
    {
        ;                       // 空语句
    }
    TI = 0;                     // 发送完成,TI 清零
}
void main()
{
    uchar x = 0;
    SCON = 0x40;                // 定义串行口工作方式 1
    TMOD = 0x20;                // 定时器 T1  工作方式 2
    PCON = 0x00;                // 波特率不变
    TH1 = 0xFD;                 // 设置串行口波特率为 9600bit/s
    TL1 = 0xFD;
    TI = 0;                     //TI 清零
    TR1 = 1;                    // 启动 T1
    while(1)
    {
        if(K1 == 0)
        {
            while(K1 == 0);     // 检测到药瓶数
            x = x + 1;          // 计数变量 x 加 1
```

```
            Putc(x);              // 调用串行口发送数据函数
            delay(100);
        }
    }
}
```

乙单片机接收并显示的程序如下：

```
// 程序: ex2_9.c
#include<reg51.h>
#include<intrins.h>
#define uchar unsigned char
#define uint unsigned int
void baojing();
sbit beep=P3^5;               // 蜂鸣器
sbit led=P3^6;                // 信号灯
sbit we = P2^7;
sbit du = P2^6;
uchar c,x;
uchar ge,shi,bai,qian;
uchar time;
uchar code table[]={0x3F,0x06,0x5B,0x4F,0x66,0x6D,0x7D,0x07,0x7F,0x
6F,0x77,0x7C,0x39,0x5E,0x79,0x71};
void delay(uint w)
{
    uint j,k;
    for(j = 0;j < w;j++)
    for(k = 0;k < 120;k++);
}
void Delay1000ms()            // 晶振频率为 11.0592MHz
{
    unsigned char i,j,k;
    _nop_();
    i = 8;
    j = 1;
    k = 243;
    do
    {
        do
        {
            while (--k);
        } while (--j);
    } while (--i);
}
void display(uint i)          // 显示函数定义
{
```

```
        uint qian,bai,shi,ge;
        qian = i / 1000;
        bai = i % 1000 / 100;
        shi = i % 100 / 10;
        ge = i % 10;
        P1 = 0xFF;
        we = 1;
        P1 = 0xF7;
        we = 0;
        du = 1;
        P1 = table[qian];
        du = 0;
        delay(5);
        P1 = 0xFF;
        we = 1;
        P1 = 0xFB;
        we = 0;
        du = 1;
        P1 = table[bai];
        du = 0;
        delay(5);
        P1 = 0xFF;
        we = 1;
        P1 = 0xFD;
        we = 0;
        du = 1;
        P1 = table[shi];
        du = 0;
        delay(5);
        P1 = 0xFF;
        we = 1;
        P1 = 0xFE;
        we = 0;
        du = 1;
        P1 = table[ge];
        du = 0;
        delay(5);
    }
    void main()
    {
        SCON = 0x50;
        TMOD = 0x21;
        PCON = 0x00;
        TH1 = 0xFD;
        TL1 = 0xFD;
```

```
ET0 = 1;
EA = 1;
TR0 = 1;
RI = 0;
TR1 = 1;
P1 = 0;
while(1)
{
display(c);
if(RI)
    {
        RI = 0;
        c = SBUF;
    }
    if(c==3)
    {
        beep = 0;
        led = ~ led;
        Delay1000ms();
    }
    }
    }
```

>> 进阶任务

1. 硬件设计

硬件电路设计及元器件选择参考如下：

根据任务要求，甲单片机的 P1.0 ～ P1.3 接矩阵式按键的第 1 ～ 4 列，P1.4 ～ P1.7 接矩阵式按键的第 1 ～ 4 行；一个锁存器的 D0 ～ D7 接乙单片机的 P2.0 ～ P2.7，Q0 ～ Q7 接 6 位一体共阳极数码管的段选端 a ～ g.dp，另一个锁存器的 D0 ～ D5 接乙单片机的 P2.0 ～ P2.7，Q0 ～ Q7 接 6 位一体共阳极数码管的位选端 1 ～ 6。甲单片机的 TXD（P3.1，串行输入口）引脚接乙单片机的 RXD（P3.0，串行输入口）引脚，甲单片机的 RXD（P3.0）引脚接乙单片机的 TXD（P3.1）引脚。需要注意的是，两个系统必须接地。

元器件列表见表 2-15。

表 2-15 元器件列表

序号	元器件名称	型号 / 规格	数量	Proteus 中的名称
1	单片机	STC89C52	1	用 AT89C51 代替 STC89C51
2	陶瓷电容器	22pF	2	CAP
3	晶振	11.0592MHz	1	CRYSTAL
4	电解电容	22μF	1	CAP-ELEC

（续）

序号	元器件名称	型号 / 规格	数量	Proteus 中的名称
5	电阻	10kΩ	1	RES
6	按钮		16	BUTTON
7	6 位一体共阳极数码管		1	7SEG-MPX6-CA
8	锁存器		2	74HC573

控制电路图如图 2-43 所示。

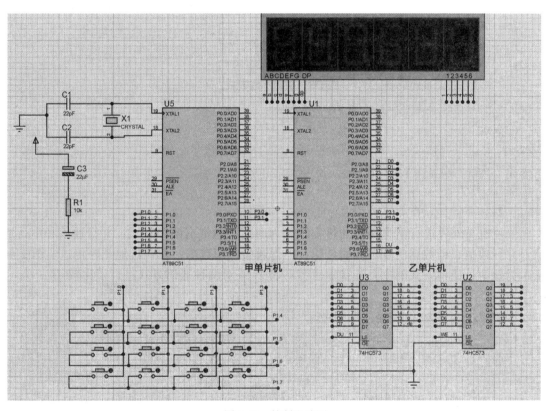

图 2-43　控制电路图

2. 软件设计

甲单片机的发送程序和乙单片机的接收程序请扫描右侧二维码或下载本书电子配套资料查看。

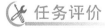 任务评价

见附录。

知识链接

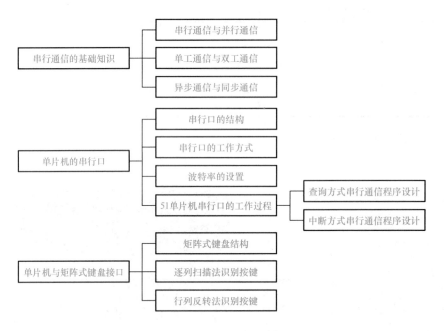

2.4.1 串行通信的基础知识

1. 串行通信与并行通信

单片机与外界进行信息交换的过程统称为通信，通常有两种方式：并行通信和串行通信。并行通信，即数据的各位同时传送；串行通信，即数据一位一位地顺序传送。图 2-44 所示为这两种通信方式的电路连接示意图。表 2-16 对两种通信方式进行了比较。

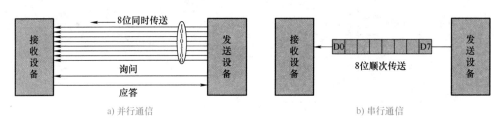

图 2-44　两种通信方式的电路连接示意图

表 2-16　并行通信与串行通信的比较

比较项	并行通信	串行通信
数据传送特点	数据的各位同时传送	数据一位一位地顺序传送
传输速度	快	慢
通信成本	高，传输线多	低，传输线少
适用场合	不支持远距离通信，主要用于近距离通信，如计算机内部的总线结构，即 CPU 与内部寄存器及接口之间就采用并行传输	支持长距离传输，计算机网络中所使用的传输方式均为串行传输，单片机与外设之间大多使用各类串行接口，包括 UART、USB（通用串行总线）、I^2C（集成电路总线）、SPI（串行外设接口）等

2. 单工通信与双工通信

按照串行数据传送方向，串行通信可分为单工（Simplex）、半双工（Half Duplex）和全双工（Full Duplex）3 种方式。

1）单工方式。单工方式是指两串行通信设备的数据传输仅能沿一个方向，不能实现反向传输，如图 2-45a 所示。

2）半双工方式。半双工方式是指数据传输可以沿两个方向，但需要分时进行，如图 2-45b 所示。

3）全双工方式。全双工方式是指数据可以同时进行双向传输，如图 2-45c 所示。

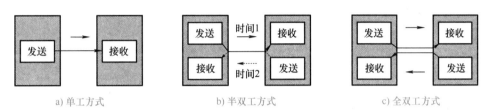

a) 单工方式   b) 半双工方式   c) 全双工方式

图 2-45   串行通信的传输方式

3. 异步通信与同步通信

按照串行数据的时钟控制方式，串行通信可分为异步通信和同步通信两类。

（1）异步通信   在异步通信中，数据通常是以字符为单位组成字符帧传送的。字符帧由发送端一帧一帧地发送，每一帧数据均是低位在前，高位在后，通过传输线被接收端一帧一帧地接收。发送端和接收端可以由各自独立的时钟来控制数据的发送和接收，这两个时钟彼此独立，互不同步。

在异步通信中，接收端是依靠字符帧格式来判断发送端是何时开始发送、何时结束发送的。异步通信的字符帧格式如图 2-46 所示。

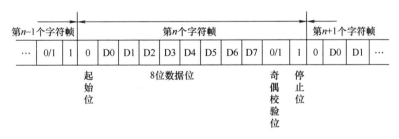

图 2-46   异步通信的字符帧格式

异步通信的好处是通信设备简单、便宜，但由于要传输字符帧中的开始位和停止位，因此异步通信的开销所占比例较大，传输效率较低。

异步通信有两个比较重要的指标：字符帧格式和波特率。

1）字符帧格式。字符帧也称数据帧，由起始位、数据位、奇偶校验位和停止位 4 部分组成，如图 2-46 所示。

起始位：起始位位于字符帧开头，只占一位，为逻辑低电平，标志传输一个字符的开始，接收端可用起始位使自己的接收时钟与发送端的数据同步。

数据位：数据位紧跟在起始位之后，是通信中真正的有效信息。数据位的位数可以由通信双方共同约定，一般可以是 5 位、7 位或 8 位，传输数据时先传送字符的低位，后传送字符的高位。

奇偶校验位：奇偶校验位位于数据位之后，仅占一位，用来表示串行通信中采用奇校验还是偶校验，由用户编程决定。

停止位：停止位位于字符帧最后，为逻辑高电平，通常可取 1 位、1.5 位或 2 位，用于向接收端表示一帧字符信息已经发送完，也为发送下一帧做准备。

在串行通信中，两个相邻字符帧之间可以没有空闲位，也可以有若干个空闲位，这由用户来决定。

> **⚠ 小知识**
>
> 为了确保传送的数据准确无误，在串行通信中，经常在传送过程中进行相应的检测，奇偶校验是常用的检测方法。
>
> 奇偶校验的工作原理：P 是特殊功能寄存器 PSW 的最低位，它的值根据累加器（ACC）的运算结果而变化。如果 ACC 中"1"的个数为偶数，则 P=0；如果为奇数，则 P=1。如果在进行串行通信时，把 ACC 的值（数据）和 P 的值（代表所传数据的奇偶性）同时发送，那么接收端接收到数据后，也对接收数据进行一次奇偶校验。如果校验结果相符（校验后 P=0，而传送过来的校验位也等于 0；或者校验后 P=1，而传送过来的校验位也等于 1），就认为接收到的数据是正确的，反之，则是错误的。
>
> 异步通信在发送字符时，数据位和停止位之间可以有 1 位奇偶校验位。

2）波特率。波特率为每秒钟传送二进制数码的位数，单位为 bit/s（位每秒）。波特率用于表示数据传输的速度，波特率越高，数据传输速度越快。通常，异步通信的波特率为 50 ~ 19200bit/s。

> **☑ 小问答**
>
> 问：波特率和字符的实际传输速率一样吗？有什么区别？
>
> 答：二者不一样，波特率为每秒钟传送二进制数码的位数，用于表示数据传输的速度，波特率越高，数据传输的速度越快。但波特率和字符的实际传输速率不同，字符的实际传输速率是每秒内所传字符帧的帧数，和字符帧格式有关。

（2）同步通信　同步通信是一种连续串行传送数据的通信方式，一次通信只传输一帧信息。这里的字符帧和异步通信的字符帧不同，通常有若干个数据字符。同步通信的字符帧格式如图 2-47 所示。图 2-47a 所示为单同步字符帧格式，图 2-47b 所示为双同步字符帧格式，它们均由同步字符、数据字符、校验字符（CRC）3 个部分组成。在同步通信中，同步字符可以采用统一的标准格式，也可以由用户约定。同步通信的缺点是要求发送时钟和接收时钟保持严格同步。

a) 单同步字符帧格式

b) 双同步字符帧格式

图 2-47   同步通信的字符帧格式

☑ **小问答**

问：同步通信与异步通信各自的优缺点是什么？

答：同步通信的优点是数据传输速率较高，通常可达 56000bit/s 或更高，其缺点是要求发送时钟和接收时钟必须保持严格同步。

异步通信的优点是不需要发送与接收时钟同步，字符帧长度不受限制，故设备简单；缺点是字符帧中因包含起始位和停止位而降低了有效数据的传输速率。

2.4.2   单片机的串行口

51 单片机内部集成了 1～2 个可编程通用异步串行通信接口（Universal Asynchronous Receiver/Transmitter，UART），采用全双工方式，可以同时进行数据的接收和发送，也可用作同步移位寄存器。该串行口有 4 种工作方式，可以通过软件编程设置为 8 位、10 位和 11 位的帧格式，并能设置各种波特率。

1. 串行口的结构

51 单片机的串行口结构如图 2-48 所示，由串行控制寄存器（SCON）、发送缓冲器（SBUF）、发送控制器、发送控制门、接收缓冲器（SBUF）、接收控制寄存器、移位寄存器、串行口中断等部分组成。

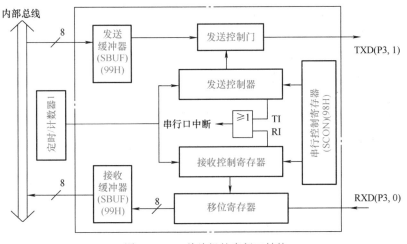

图 2-48   51 单片机的串行口结构

（1）SBUF　SBUF 是两个在物理上独立的接收、发送缓冲器，一个用于存放接收到的数据，另一个用于存放待发送的数据，可同时发送和接收数据。两个缓冲器共用一个地址 99H，通过 SBUF 的读写语句来区别是对接收缓冲器还是发送缓冲器进行操作。CPU 在写 SBUF 时，操作的是发送缓冲器；在读 SBUF 时，操作的是接收缓冲器。

（2）SCON　SCON 是 51 系列单片机的一个可位寻址的特殊功能寄存器，用于串行数据通信的控制，字节地址为 98H，位地址为 9FH ～ 98H。SCON 的结构如图 2-49 所示。

SM0	SM1	SM2	REN	TB8	RB8	TI	RI

图 2-49　SCON 的结构

对 SCON 各位的含义说明如下。

① SM0、SM1：工作方式控制位，用来确定串行口的工作方式，见表 2-17。

表 2-17　串行口的工作方式

SM0	SM1	工作方式	功能	波特率
0	0	工作方式 0	8 位同步移位寄存器	$f_{osc}/12$
0	1	工作方式 1	10 位 UART	可变
1	0	工作方式 2	11 位 UART	$f_{osc}/64$ 或 $f_{osc}/32$
1	1	工作方式 3	11 位 UART	可变

② SM2：多机通信控制位，用于工作方式 2 和工作方式 3 中。

③ REN：允许串行接收位，由软件置位或清零。REN=1 时，允许接收；REN=0 时，禁止接收。

④ TB8：发送数据的第 9 位。在工作方式 2 和工作方式 3 中，由软件置位或清零。一般可作奇偶校验位。在多机通信中，可作为区别地址帧或数据帧的标志位，一般约定地址帧时 TB8 为 1，数据帧时 TB8 为 0。

⑤ RB8：接收数据的第 9 位。

⑥ TI：发送中断标志位。在工作方式 0 中，发送完 8 位数据后，由硬件置位；在其他工作方式中，当发送停止位时由硬件置位。因此，TI=1 是发送完一帧数据的标志，其状态既可供软件查询使用，也可请求中断。TI 必须由软件清零。

⑦ RI：接收中断标志位。在工作方式 0 中，接收完 8 位数据后，由硬件置位；在其他工作方式中，当接收到停止位时该位由硬件置位。因此，RI=1 是接收完一帧数据的标志，其状态既可供软件查询使用，也可请求中断。RI 也必须由软件清零。

（3）PCON　PCON 主要是为 CHMOS 型单片机的电源控制而设置的特殊功能寄存器，字节地址为 87H。PCON 的结构如图 2-50 所示。

SMOD	—	—	—	GF1	GF0	PD	IDL

图 2-50　PCON 的结构

与串行通信有关的只有 SMOD 位。SMOD 为波特率选择位。在工作方式 1、2 和 3 时，串行通信的波特率与 SMOD 有关。当 SMOD=1 时，波特率乘以 2；当 SMOD=0 时，波特率不变。

2. 串行口的工作方式

51 系列单片机串行口有 4 种工作方式，由 SCON 中 SM0、SM1 二位的选择决定。

（1）工作方式 0　当 SCON 中 SM1SM0=00 时，串行口工作在工作方式 0。在工作方式 0 下，串行口作为同步移位寄存器使用，其波特率固定为 $f_{osc}/12$。串行数据从 RXD（P3.0）端输入或输出，同步移位脉冲由 TXD（P3.1）送出。这种工作方式通常用于扩展 I/O 口。

（2）工作方式 1　当 SCON 中 SM0SM1=01 时，串行口工作在工作方式 1。在工作方式 1 下，一帧为 10 位，其中 1 位起始位（0）、1 位停止位（1）、8 位数据位。工作方式 1 字符帧格式如图 2-51 所示。

图 2-51　工作方式 1 字符帧格式

发送数据时，数据写入 SBUF，同时启动发送，一帧数据发送结束，置位 TI。

接收数据时，如 REN=1，则允许接收。接收完一帧，如 RI=0 且停止位为 1（或 SM2=0），则将接收到的数据装入 SBUF，停止位装入 RB8，并置位 RI；否则丢弃接收到的数据。

（3）工作方式 2 和工作方式 3　当 SCON 中 SM0SM1=10 时，选择工作方式 2；当 SCON 中 SM0SM1=11 时，选择工作方式 3。在工作方式 2 和工作方式 3 下，一帧数据为 11 位，其中 1 位起始位（0）、1 位停止位（1）、9 位数据位。第 9 位数据位在 TB8 或 RB8 中，常用作校验位和多机通信标识位。工作方式 2 和工作方式 3 格式如图 2-52 所示。

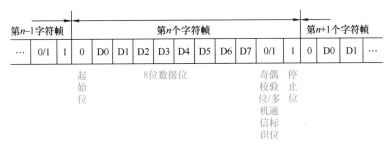

图 2-52　工作方式 2 和工作方式 3 字符帧格式

3. 波特率设置

51 系列单片机有 4 种工作方式，其中工作方式 0 和工作方式 2 的波特率固定，工作方式 1 和工作方式 3 的波特率可变，由定时 / 计数器 1 的溢出率决定。

（1）工作方式 0 和工作方式 2 的波特率　在工作方式 0 中，波特率为晶振频率的 1/12，即 $f_{osc}/12$，固定不变。在工作方式 2 中，波特率取决于 PCON 中的 SMOD 值，当 SMOD=0 时，波特率为 $f_{osc}/64$；当 SMOD=1 时，波特率为 $f_{osc}/32$，即波特率 = $\dfrac{2^{SMOD}}{64}f_{osc}$。

（2）工作方式 1 和工作方式 3 的波特率　工作方式 1 和工作方式 3 的波特率 = $\dfrac{2^{SMOD}}{32}$×定时/计数器 1 的溢出率。其中，定时/计数器 1 的溢出率取决于单片机定时/计数器 1 的计数速率和预置值（即初值）。计数速率与 TMOD 中的 $C/\overline{T}$ 位有关，当 $C/\overline{T}$ =0 时，计数速率为 $f_{osc}/12$；当 $C/\overline{T}$ =1 时，计数速率为外部输入晶振频率。表 2-18 所示为常用的波特率及获得方法。

表 2-18　常用的波特率及获得方法

波特率	f_{osc}/MHz	SMOD	定时/计数器 1		
			$C/\overline{T}$	工作方式	初值
工作方式 0：1Mbit/s	12	×	×	×	×
工作方式 2：375kbit/s	12	1	×	×	×
工作方式 1、3：62.5kbit/s	12	1	0	2	FFH
19.2kbit/s	11.0592	1	0	2	FDH
9.6kbit/s	11.0592	0	0	2	FDH
4.8kbit/s	11.0592	0	0	2	FAH
2.4kbit/s	11.0592	0	0	2	F4H
1.2kbit/s	11.0592	0	0	2	E8H
137.5kbit/s	11.986	0	0	2	1DH
110bit/s	6	0	0	2	72H
110bit/s	12	0	0	1	FEEBH

2.4.3　51 单片机串行口的工作过程

51 单片机串行口可以采用查询方式或中断方式进行串行通信编程。

1. 查询方式串行通信程序设计

查询方式的工作过程如下：

（1）发送过程

①串行口初始化。设置工作方式（帧格式）、设置波特率（传输速率）、启动波特率发生器（T1）。串行口初始化程序段如下：

```
TMOD=0x20;            // 定时器  T1 工作于工作方式 2
TL1=0xF4;             // 波特率为 2400bit/s
TH1=0xF4;
```

```
TR1=1;
SCON=0x40;                        // 定义串行口工作于工作方式 1
```

② 发送数据。将要发送的数据送入 SBUF，即可启动发送。此时串行口自动按帧格式将 SBUF 中的数据组装为数据帧，并在波特率发生器的控制下将数据帧逐位发送到 TXD 端（最低位先发）。当发送完一帧数据后，单片机内部自动置中断标志 TI 为 1。

```
SBUF=send[i];                     // 发送第 i 个数据
```

③ 判断一帧是否发送完毕。判断 TI 是否为 1，是则表示发送完毕，可以继续发送下一帧；否则继续判断直至发送结束。

```
while(TI==0);                     // 查询等待发送是否完成
```

④ 清零 TI。

```
TI=0;                             // 发送完成,TI 由软件清零
```

⑤ 跳转到②，继续发送下一帧数据。

（2）接收过程

① 串行口初始化。设置工作方式（帧格式）、设置波特率（传输速率）、启动波特率发生器（T1）。需要注意的是，发送方和接收方的初始化必须一致。

② 允许接收。置位 SCON 的 REN 位。此时串行口采样 RXD，当采样到由 1 到 0 跳变时，确认是起始位 "0"，开始在波特率发生器的控制下将 RXD 端接收的数据逐位送入 SBUF，一帧数据接收完毕后单片机内部自动置中断标志 RI 为 1。

```
REN=1;                            // 接收允许
```

③ 判断是否接收到一帧数据。判断 RI 是否为 1，是则表示接收完毕，接收到的数据已存入 SBUF；否则继续判断直至一帧数据接收完毕。

```
while(RI==0);                     // 查询等待接收标志为 1,表示接收到数据
```

④ 清零 RI。

```
RI=0;                             //RI 由软件清零
```

⑤ 转存数据。读取 SBUF 中的数据并转存到存储器中。

```
buffer[i]=SBUF;                   // 接收数据
```

⑥ 跳转到②，继续接收下一帧数据。

小提示

串行通信的方式 1、2 和 3 都可以按照上述接收和发送过程来完成通信。对于方式 0，接收和发送数据都由 RXD 引脚实现，TXD 引脚输出同步移位时钟脉冲信号。

2. 中断方式串行通信程序设计

在很多应用中，双机通信的接收方采用中断方式来接收数据，以提高 CPU 的工作效率，发送方仍然采用查询方式。

51 单片机串行口中断分为发送中断和接收中断两种。每当串行口发送或接收完一帧串行数据后，串行口电路自动将 SCON 中的 TI、RI 置位，并向 CPU 发出串行口中断请求，CPU 响应串行口中断后便立即转入串行口中断服务程序执行。

51 单片机串行口的中断号是 4，其中断服务程序格式如下：

```
void 函数名( ) interrupt 4 [using n]
{

}
```

其中，n 为单片机工作寄存器组的编号，共 4 组，取值为 0、1、2、3，默认值为 0。

乙单片机接收程序，采用中断方式实现，参考程序如下：

```
#include<reg51.h>
#define uchar unsigned char
#define uint unsigned int
void baojing();
sbit beep=P3^5;                    // 蜂鸣器
sbit led=P3^4;                     // 信号灯
sbit LED1 = P2^0;                  // 位一体数码管位选端
sbit LED2 = P2^1;
sbit LED3 = P2^2;
sbit LED4 = P2^3;
uchar c,x;
uchar ge,shi,bai,qian;
uchar code table[]={0x3F,0x06,0x5B,0x4F,0x66,0x6D,0x7D,0x07,0x7F,
0x6F,0x77,0x7C,0x39,0x5E,0x79,0x71};
void delay(int count)
{
    int i;
    for(i=1;i<=count;i++)
    ;
}
void display(uchar x)
{
    ge = x % 10;
    shi = x % 100 / 10;
    bai = x % 1000/100;
    qian = x % 10000 / 1000;
    LED4 = 0;
    P1 = table[ge];
    delay(17);
    LED4=1;
```

```
        LED3=0;
        P1 = table[shi];
        delay(17);
        LED3=1;
        LED2=0;
        P1 = table[bai];
        delay(17);
        LED2=1;
        LED1=0;
        P1 = table[qian];
        delay(17);
        LED1=1;
}
void main()
{
        SCON = 0x50;                    // 定义串行口工作于工作方式 1，允许接收
        TMOD = 0x21;                    //T1 工作方式 2  T0 工作方式 1
        PCON = 0x00;
        TH1 = 0xFD;                     // 波特率定义
        TL1 = 0xFD;
        ET0=1;                          //T0 的中断允许位设为 1
        EA=1;                           // 中断总允许位
        ES=1;                           // 串行口中断允许位
        TR0=1;                          // 启动 T0
        RI = 0;
        TR1 = 1;
        P1 = 0;
        while(1)
        {
            display(c);
            if(c==3)
            baojing();
            delay(100);
            led= ~ led;
        }
}
void serial()  interrupt 4          // 串行口中断号为 4
{
        EA=0;                           // 关中断
        RI=0;                           // 软件清除中断标志位
        c=SBUF;                         // 接收数据
        EA=1;                           // 开中断允许位
}
void baojing()                      // 报警函数
{
```

```
    beep=0;                          // 蜂鸣器响
    delay(100);
    beep=1;                          // 蜂鸣器不响
    delay(100);
}
void timer0() interrupt 1          // 定时1s
{
    unsigned int i;
    for(i=0;i<1000;i++)
    {
      TH0=0xFC;
      TL0=0x18;
      TR0=1;
    }
}
```

小提示

数据传送可采用中断和查询两种方式编程。无论用哪种方式，都要借助于 TI 或 RI 标志位。串行口发送数据时，当采用中断方式时，TI 置 1（发送完一帧数据）后向 CPU 申请中断，在中断服务程序中要用软件把 TI 清零，以便发送下一帧数据。当采用查询方式时，CPU 不断查询 TI 的状态，只要 TI 为 0 就继续查询，TI 为 1 就结束查询，TI 为 1 后也要及时用软件把 TI 清零，以便发送下一帧数据。

小知识

指针是 C 语言的一个特殊的变量，它存储的数值被解释成为内存的一个地址。指针定义的一般形式如下。

数据类型 * 指针变量名；

例如：

int i,j,k,*i_ptr;   // 定义整型变量 i、j、k 和整型指针变量 i_ptr

指针运算包括以下两种。

1）取地址运算符。取地址运算符 "&" 是单目运算符，用来取变量的地址，例如：

i_ptr=&i;   // 变量 i 的地址送给指针变量 i_ptr

2）取内容运算符。取内容运算符 "*" 是单目运算符，用来表示指针变量所指单元的内容，"*" 之后跟的必须是指针变量。例如：

j=* i_ptr;   // 将 i_ptr 所指单元的内容赋给变量 j

可以把数组的首地址赋给指向数组的指针变量。例如：

```
          int a[5],*ap;
          ap=a;                    // 数组名表示数组的首地址 , 故可赋给指向数组的指针
                                   // 变量 ap
```

也可以写成

```
          ap=&a[0];                // 数组第一个元素的地址也是整个数组的首地址 , 也可赋给
                                   // 指针变量 ap 还可以采用初始化赋值的方法 , 写成

          int a[5],*ap=a;
```

也可以把字符串的首地址赋给指向字符类型的指针变量。例如：

```
          unsigned char *cp;
          cp= "Hello World!";
```

这里应该说明的是，并不是把整个字符串装入指针变量，而是把存放该字符串的字符数组的首地址装入指针变量。

对于指向数组的指针变量，可以进行加减运算，例如：

```
     cp--;                         //cp 指向上一个数组元素
     ap++;                         //ap 指向下一个数组元素
```

在函数 uart_sendstring（ ）中定义了指针类型的形式参数如下：

```
     unsigned char *str;
```

该形式参数表示一个无符号字符型变量的地址。

函数中采用了以下赋值语句：

```
     SBUF = *p;                    // 将单元地址为 p 的内容赋给 SBUF, 启动发送
```

在调用该函数时，直接把字符串指针作为实际参数代入即可。

2.4.4　矩阵式键盘的结构

键盘的形式有以下两种：独立式键盘和矩阵式键盘，其中矩阵式键盘又叫行列式键盘或扫描式键盘。当按键的个数比较多时，比如有 16 个按键，如果仍旧按独立式键盘的接法，则需要 16 个 I/O 口，这显然不实用。一是单片机仅有 32 个 I/O 口，一半用来接键盘不太可能；二是线太多不利于 PCB 布线。因此，当按键比较多时，通常会将键盘排成行列矩阵的形式。矩阵式键盘如图 2-53 所示。

图中有 4 条行线（水平线）、4 条列线（垂直线），正好构成一个 4×4 的矩阵。每个矩阵元素正好是行线与列线的交叉点。这些交叉点本身是不连通的，在这些交叉点的行线和列线上安置一个按键。因此，4 条行线、4 条列线的矩阵有 16 个交叉点，可以安置 16 个

按键。这比使用独立式键盘减少了一半的 I/O 口数。这种键盘虽然在硬件上能简化电路结构，减少 I/O 口数量，但是软件编程比独立式键盘复杂。

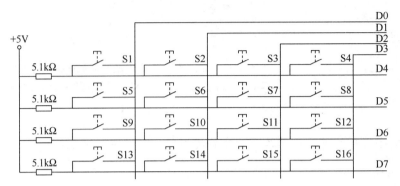

图 2-53　矩阵式键盘

2.4.5　矩阵式键盘键值的判断

矩阵式键盘键值的判断有两种方法：一种是逐列（行）扫描法，另一种是速度较快的行列反转法。

1. 逐列扫描法

如图 2-53 所示行线通过上拉电阻接到电源，被钳位在高电平状态，所以判断键盘中哪个键被按下（即闭合）的方法如下。

首先确定是否有键闭合。使列线 D0 ～ D3 都输出 0，检测行线 D4 ～ D7 的电平。如果 D4 ～ D7 上的电平全为高，则表示没有键被按下，返回扫描；如果 D4 ～ D7 上的电平不全为高，则表示有键被按下。

然后逐一扫描以进一步确定是哪一键闭合。逐列扫描，找出闭合键的键号。先使 D0=0，D1 ～ D3 均为 1，检测 D4 ～ D7 上的电平，如果 D4=0，表示 S1 键被按下；同理，如果 D5、D6、D7 为 0，分别表示 S5、S9、S13 键被按下；如果 D4 ～ D7 均为 1，则表示这一列没有键被按下。再使 D1=0，D0、D2、D3 为 1，对第二列进行扫描。这样依次进行下去，直到把闭合键找到为止，一旦找到哪个按键闭合，就可以赋键值。

用逐列扫描法编写 4×4 键盘子程序的方法如下。

如图 2-53 所示，设单片机的 P1 口用作键盘 I/O 口，键盘的列线（D0 ～ D3）接到 P1 口的低 4 位（P1.0 ～ P1.3），键盘的行线（D4 ～ D7）接到 P1 口的高 4 位（P1.4 ～ P1.7）。用逐列扫描法编程的 3 个步骤如下：①判断有无键闭合；②软件延时 10ms 去抖动；③求键的位置（行、列）。

参考程序如下：

```
unsigned char key scan1(void)
{
```

```
unsigned char Data,key;
// 扫描第 1 行
P1=0xFE;
key =P1;
key&=0xF0;
if(key!=0xF0)
{
  delay(10);
  P1=0xFE;
  key=P1;
  key&=0xF0;
  if(key!=0xF0)
  {
    switch(key)
    {
      case(0x70):Data=0;break;
      case(0xB0):Data=1;break;
      case(0xD0):Data=2;break;
      case(0xE0):Data=3;break;
      default:break;
    }
  }
    }
// 扫描第 2 行
P1=0xFD;
key=P1;
key&=0xF0;
if(key!=0xF0)
{
  delay(10);
  P1=0xFD;
  key=P1;
  key&=0xF0;
  if(key!=0xF0)
  {
    switch(key)
    {
    case(0x70):Data=4;break;
      case(0xB0):Data=5;break;
      case(0xD0):Data=6;break;
      case(0xE0):Data=7;break;
      default:break;
    }
  }
}
```

```
// 扫描第 3 行
P1=0xFB;
key=P1;
key&=0xF0;
if(key!=0xF0)
{
delay(10);
  P1=0xFB;
  key =P1;
  key&=0xF0;
  if(key!=0xF0)
  {
    switch(key)
    {
      case(0x70):Data=8;break;
      case(0xB0):Data=9;break;
      case(0xD0):Data=10;break;
      case(0xE0):Data=11;break;
      default:break;
    }
  }
}
// 扫描第 4 行
P1=0xF7;
key=P1;
key&=0xF0;
if(key!=0xF0)
{
  delay(10);
  P1=0xF7;
  key=P1;
  key&=0xF0;
  if(key!=0xF0)
  {
    switch(key)
    {
      case(0x70):Data=12;break;
      case(0xB0):Data=13;break;
      case(0xD0):Data=14;break;
      case(0xE0):Data=15;break;
      default:break;
    }
  }
}
return Data;
```

```
}
void delay( unsigned char n)
{
  unsigned char i,j;
  for(i=0;i<n;i++)
  for(j=0;j<20;j++);
}
```

2. 行列反转法

行列反转法也是常用的识别闭合键的方法。其工作原理是：首先使所有行线输出低电平，列线输出高电平，同时读入列线。如果有键按下，则该按键所在的列线为低电平，而其他列线为高电平，由此获得列号。然后向所有列线输出低电平，行线输出高电平，读入行线，确定按键的行号。通过行号和列号确定按键的位置和编码。

用行列反转法编写 4×4 键盘子程序的方法如下。

如图 2-54 所示，设单片机的 P1 口用作键盘 I/O 口，键盘的列线（D0 ～ D3）接到 P1 口的低 4 位（P1.0 ～ P1.3），键盘的行线（D4 ～ D7）接到 P1 口的高 4 位（P1.4 ～ P1.7）。

假设给 P1 口赋值 0x0F，即 00001111，若 S1 键闭合，则这时 P1 口的实际值为 00001110；再给 P1 口赋值 0xF0，即 11110000，若 S1 键闭合，则这时 P1 口的实际值为 11100000；把两次 P1 口的实际值相加得 11101110，即 0xEE。由此便得到了 S1 键闭合时所对应的数值 0xEE，依此类推可得出其他 15 个按键闭合时所对应的数值。

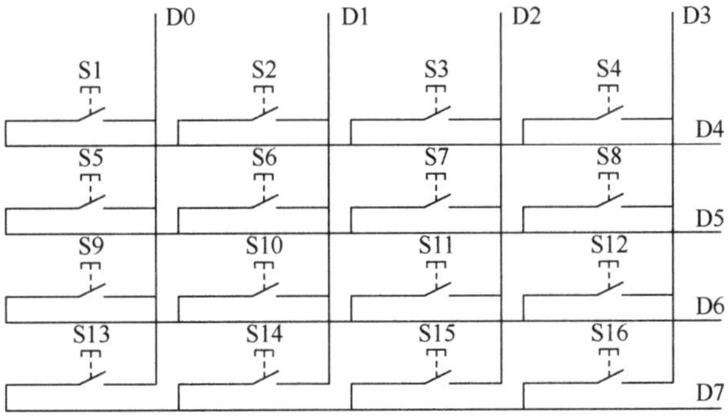

图 2-54　4×4 矩阵式键盘

参考程序如下：

```
uchar  key_scan(void)                          // 行列反转法键盘扫描函数
{  unsigned char  key=0xFF,cord_h,cord_l;     // 行列值
   P1=0x0F;                                     // 行线输出全为 0
   cord_h=P1&0x0F;                              // 读入列线值
   if(cord_h!=0x0F)                             // 先检测有无按键闭合
   {
      delay(10);                                // 去抖
      if(cord_h!=0x0F)
      {
         cord_h=P1&0x0F;                        // 读入列线值
```

```
        P1=0xF0;                                    // 输出当前列线值
        cord_l=P1&0xF0;                             // 读入行线值
        while((P1&0xF0)!= 0xF0);                    // 等待按键释放
        switch(cord_h+cord_l)
        {
            case 0xEE: key=0;break;//S1
            case 0xED: key=1;break;//S2
            case 0xEB: key=2;break;//S3
            case 0xE7: key=3;break;//S4
            case 0xDE: key=4;break;//S5
            case 0xDD: key=5;break;//S6
            case 0xDB: key=6;break;//S7
            case 0xD7: key=7;break;//S8
            case 0xBE: key=8;break;//S9
            case 0xBD: key=9;break;//S10
            case 0xBB: key=10;break;//S11
            case 0xB7: key=11;break;//S12
            case 0x7E: key=12;break;//S13
            case 0x7D: key=13;break;//S14
            case 0x7B: key=14;break;//S15
            case 0x77: key=15;break;//S16
            default: key=0xFF;break;
        }
    }
}
    return(key);                                    // 返回该值
}
void delay( unsigned char n)
{
  unsigned char i,j;
  for(i=0;i<n;i++)
  for(j=0;j<20;j++);
}
```

举一反三

串行口发送数据：串行口波特率选择 9600bit/s，打开开发板串行口能够接收到信息"0123456789"。

在进行 PC 与移动终端串行通信软硬件调试时，最简单的方法是在 PC 安装"串口调试助手"应用软件，只要设定好波特率等参数就可以直接使用。调试成功后再在 PC 上运行自己编写的通信程序，与移动终端进行联调。具体操作如下。

先在 PC 安装"串口调试助手"应用软件，连接 PC 与移动终端的通信电路，然后进行以下测试。

1）在 PC 运行"串口调试助手"应用软件，设置波特率参数为 9600bit/s。串行口调试窗口如图 2-55 所示。

2）给移动终端上电。

3）在 PC 接收窗口观察所接收到的数据，是否与发送数据一致。调试结果如图 2-55 所示。

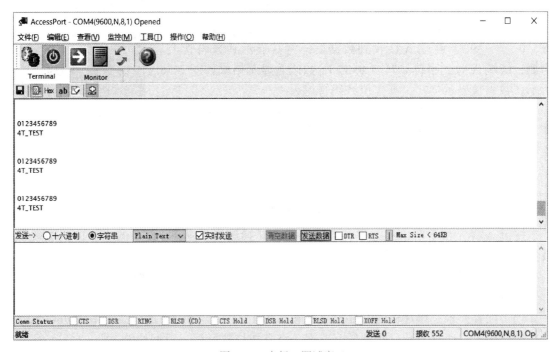

图 2-55　串行口调试窗口

习题训练

编程题（1+X 考证题目）

（1）功能要求：使用单片机实现计算器功能，算式通过"串行口调试助手"发送，计算结果通过串行口返回。算式举例如下。

加法：32+31。返回结果：63.0。

减法：2-4。返回结果：-2.0。

乘法：31*3。返回结果：93.0。

除法：32/2。返回结果：16.0。

设计要求：单片机内部晶振频率设置为 12MHz，通信波特率为 9600bit/s。如算式中的两个数字为整数，计算结果保留小数点后 1 位有效数字；如计算结果为负数，返回结果应包含"-"。

（2）配置要求：单片机内部晶振频率为 12MHz，串行口通信波特率为 9600bit/s。

功能要求：通过 PC 端的串行口调试助手，向终端 A 发送任意一个字符。终端 A 将收到的数据 +1，返回给 PC 端。例如，终端 A 收到字符 'A'，则向 PC 端返回字符 'B'。

终端 A 接收到任意一个字符，都将触发 ALED1 指示灯功能，ALED1 点亮 2s 后熄灭。

（3）配置要求：单片机内部晶振频率为 12MHz，串行口通信波特率为 9600bit/s。

功能要求：通过 PC 端的串行口调试助手，向终端 A 发送字符 '0' ～ '9'。终端 A 接收到数据后，将其显示到数码管上。例如，终端 A 收到字符 '7'（0x37），数码管显示格式如图 2-56 所示，数码管显示 "7"，高 3 位数码管熄灭。

图 2-56　数码管显示格式

若连续收到的两个字符完全一致，终端 A 指示灯 ALED1 点亮，并通过串行口向 PC 端返回字符串 "ok, x"，其中 'x' 为收到的字符。若连续收到的两个字符不同，终端 A 指示灯 ALED1 熄灭。

（4）配置要求：单片机内部晶振频率为 12MHz，串行口通信波特率设置为 9600bit/s。

功能要求：将电压源（电位器分压）输出连接到终端 A 的 P12 引脚，通过单片机内部 ADC 测量电压，转换结果保留小数点后 2 位有效数字。

按键 ASW1 按下时，通过串行口将当前的转换结果发送到 PC 端的串行口调试软件。数据发送格式（字符串）为 "V:3.20\r\n"。

需要注意的是，输入电压不得超过 3.3V，以免损坏硬件，发送的数据应包含换行符（'\n'）和回车符（'\r'）。

（5）配置要求：单片机内部晶振荡器频率为 12MHz，串行口通信波特率为 9600bit/s。

功能要求：通过串行口收到任意数据，将其按位取反后，返回给 PC 端。

例如：PC 端通过串行口调试助手，以 HEX 模式向单片机发送了 "AA"，单片机则向 PC 端返回 "55"。串行口接收到任意字符，都将触发指示灯 ALED1 点亮 3s，3s 内未收到新的数据，指示灯 ALED1 熄灭。

（6）配置要求：单片机内部晶振频率为 12MHz，串口通信波特率为 9600bit/s。

功能要求：通过串行口接收到的数字控制 ALED1 的状态。若收到的数字为奇数，则指示灯 ALED1 以 0.1s 为间隔亮灭闪烁；若收到的数字为偶数（包括 0），则指示灯 ALED1 熄灭。

任务5　监测模块设计与制作

任务描述

基础任务

根据企业智能车间药装生产线对温度的要求，利用 DS18B20 温度传感器检测生产线环境温度，并用 LCD1602 液晶显示器显示温度值。

进阶任务

根据企业智能车间药装生产线对温湿度的要求，利用 DHT11 温湿度传感器检测温湿度，并用 LCD1602 液晶显示器显示温湿度；能设置温湿度上、下限，越限后能产生报警信号。

任务目标

知识目标	1. 掌握 DS18B20 温度传感器的工作原理 2. 掌握 DHT11 温湿度传感器的工作原理 3. 掌握 LCD1602 液晶显示器的工作原理 4. 掌握 DHT11 温湿度传感器和 DS18B20 温度传感器的编程方法 5. 掌握 LCD1602 液晶显示器的编程方法
能力目标	1. 会连接 DS18B20 传感器、DHT11 传感器与单片机 2. 会编写 DS18B20 温度传感器的驱动程序 3. 会编写 DHT11 温湿度传感器的驱动程序 4. 会编写 LCD1602 液晶显示器的驱动程序
素质目标	1. 通过检测温度值精确到小数点后两位，培养严谨细致的职业态度 2. 通过监测模块的制作，培养质量意识、成本意识和创新意识 3. 通过软硬联调，培养细心、耐心、精益求精的工匠精神

任务实施

任务工单见附录。

基础任务

1. 硬件设计

硬件电路设计及元器件选择参考如下：

根据任务要求，LCD1602 的数据口 D0 ~ D7 连接单片机的 P0.0 ~ P0.7 引脚，P0 口接一个排阻。由于 P0 口内部结构的特点，当它作为输出口时需接上拉电阻，这里需要 8 个上拉电阻，可以用一个 9 引脚排阻来代替。LCD1602 的 RS（数据 / 命令端口）引脚接单片机的 P2.0 引脚，RW（读写选择端）引脚接单片机的 P2.1 引脚，E（使能端）引脚接单片机的 P2.2 引脚。VSS（电源地）引脚接地，VDD（电源正极）引脚接电源，VEE（液晶显示对比度调节端）引脚接电位器。排阻的 2 ~ 9 脚接 P0.0 ~ 0.7，1 脚接电源。DS18B20 的 DQ（数据输入 / 输出端）引脚接 P3.1，VCC 引脚接电源，GND 引脚接地。

元器件列表见表 2-19。

表 2-19　元器件列表

序号	元器件名称	型号 / 规格	数量	Proteus 中的名称
1	单片机	STC89C52	1	用 AT89C51 代替 STC89C52
2	陶瓷电容器	30pF	2	CAP
3	晶振	12MHz	1	CRYSTAL
4	电解电容	10μF	1	CAP-ELEC
5	电阻	500Ω	1	RES
6	按钮		1	BUTTON
7	排阻		1	RESPACK-8

（续）

序号	元器件名称	型号 / 规格	数量	Proteus 中的名称
8	DS18B20 温度传感器	DS18B20	1	DS18B20
9	LCD1602 液晶显示器	LCD1602	1	LM016L
10	电位器	5kΩ	1	POT

控制电路图如图 2-57 所示。

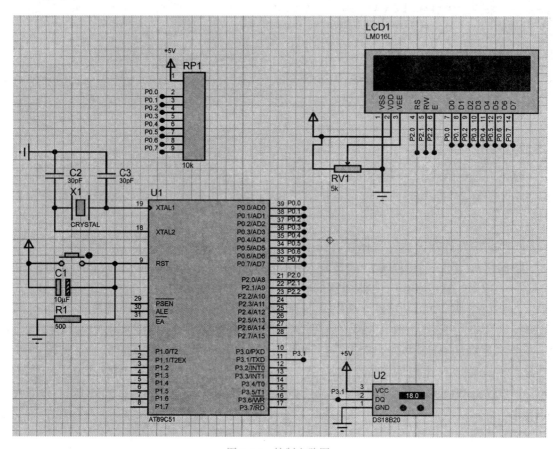

图 2-57　控制电路图

2. 软件设计

（1）DS18B20 函数

DS18B20 需编写初始化，读、写字节和读取温度 4 个函数。把这 4 个函数定义在"DS18B20.h"头文件中，操作方法如下：

打开 Keil 软件，单击"Project"菜单，选择"New Project"命令，输入工程名"监测模块设计与制作"，然后单击"File"菜单，选择"New"命令，输入 DS18B20 所需的初始化，读、写字节和读取温度 4 个函数，最后单击"File"，选择"Save as"命令，输入文件名"DS18B20.h"，并把这个文件添加到工程中。

1）DS18B20 初始化函数编写方法如下：

DS18B20 初始化时序流程图如图 2-58、图 2-59 所示。

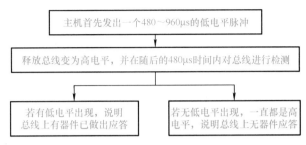

图 2-58　DS18B20 初始化时序流程图（主机）

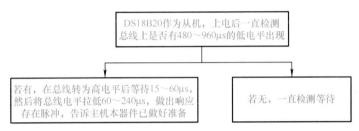

图 2-59　DS18B20 初始化时序流程图（从机）

DS18B20 初始化步骤如下：

① 将总线电平拉低，持续时间为 480 ～ 960μs。

② 将总线电平拉高。

③ 等待 DS18B20 应答，若初始化成功，会在 15 ～ 60μs 后产生一个低电平信号，该信号会持续 60 ～ 240μs；

④ 之后 DS18B20 会主动释放总线，总线电平会被拉高。

DS18B20 初始化参考程序如下：

```
#include <reg51.h>
#include <intrins.h>
sbit DQ= P3^1;                    //DS18B20 通信引脚
#define uchar unsigned char       // 宏定义，用 uchar 代替 unsigned char
#define uint unsigned int         // 宏定义，用 unit 代替 unsigned int
void delay1(uint i);
void delay1(uint i)
{
    while(i--);
}
void Init_DS18B20(void)           //DS18B20 初始化函数
{
    uchar x=0;
    DQ = 1;                       // 拉高总线电平
    _nop_ ();
    DQ = 0;                       // 单片机将总线电平拉低
    delay1(70);                   // 延时大于 480μs
```

```
    DQ = 1;                           // 拉高总线电平
    delay1(15);
    x=DQ;                             // 稍做延时后，如果 x=0 则初始化成功，如果
                                      //x=1 则初始化失败
    delay1(35);                       //DS18B20 应答延时不低于 480μs
}
```

2）DS18B20 读字节函数编写方法如下：

DS18B20 读字节操作时序流程图如图 2-60 所示。

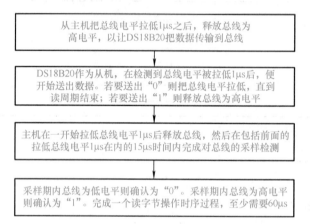

图 2-60   读字节操作时序流程图

读字节操作时序分为读"0"时序和读"1"时序两个过程。

当要读取 DS18B20 的数据时，需要将总线电平拉低，并保持 1μs 的时间，然后将总线电平拉高，此时需尽快读取，从拉低到读取的时间不能超过 15μs。

DS18B20 读字节操作函数如下：

```
uchar Read_OneChar(void)              // 读 1 字节
{
    uchar i;
    uchar temp = 0;
    for (i=0;i<8;i++)
    {
        DQ=1;
        _nop_ ();
        DQ = 0;                       // 给脉冲信号
        _nop_ ();
        _nop_ ();
        DQ = 1;
        _nop_ ();
        temp>>=1;                     // 给脉冲信号
        if(DQ)
        temp|=0x80;
        delay(5);
```

```
    }
        return(temp);
    }
```

3）DS18B20 写字节函数编写方法如下：

DS18B20 写字节操作时序流程图如图 2-61 所示。

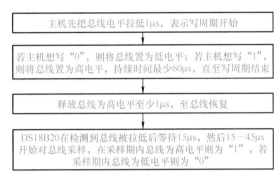

图 2-61　写字节操作时序流程图

写字节操作时序分为写"0"时序和写"1"时序两个过程。

DS18B20 写"0"时序和写"1"时序的要求不同。当要写"0"时，总线电平要被拉低至少 60μs，以保证 DS18B20 能够在 15μs ～ 45μs 正确地采样 I/O 总线上的"0"电平；当要写"1"时，总线电平被拉低之后，15μs 之内需释放总线。

DS18B20 写字节操作函数如下：

```
    void Write_OneChar(uchar dat)        // 写 1 字节
    {
        uchar i;
        for (i=0;i<8;i++)
        {
            DQ = 0;                      // 拉低总线电平
            _nop_ ();                    // 至少延迟 1μs
            DQ=dat&0x01;
            delay(6);
            DQ=1;
            dat>>=1;
        }
    }
```

4）DS18B20 读取温度函数编写方法如下：

DS18B20 读取温度函数主要完成温度采集及数据处理工作，温度转换及处理流程图如图 2-56 所示。DS18B20 初始化后，发送启动温度转换指令，等待 DS18B20 转换完毕才能读取温度值。发送读取温度值命令时，需要重新初始化 DS18B20。读取温度值时，首先读到的是低字节，然后是高字节。根据 DS18B20 的数据存储格式，需要对数据处理后才能送 LCD 显示。默认设置下其分辨率是 0.0625，将 2 字节合并为一个数据，乘以 0.0625 之后，就可以得到真实的十进制温度值。

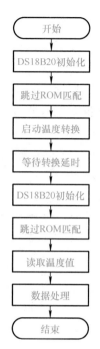

图 2-62 温度转换及处理流程图

DS18B20 读取温度函数如下：

```
int ReadTemperature(void)                 // 读取温度
{
    uchar TemperatureL=0;
    uchar TemperatureH=0;
    int t=0;
    float tt=0;
    Init_DS18B20();                       //DS18B20 初始化
    Write_OneChar(0xCC);                  // 跳过读序列号的操作
    Write_OneChar(0x44);                  // 启动温度转换
    delay(80);                            // 延时等待 DS18B20 温度转换
    Init_DS18B20();
    Write_OneChar(0xCC);                  // 跳过读序列号的操作
    Write_OneChar(0xBE);                  // 读取温度寄存器等（共可读 9 个寄
                                          // 存器），前两个为当前温度
    TemperatureL=Read_OneChar();          // 低位
    TemperatureH=Read_OneChar();          // 高位
    t=(TemperatureH*256+TemperatureL);    // 2 字节合成一个整型变量
    return(t);
}
```

（2）LCD1602 函数

单片机对 LCD1602 有 4 种基本操作：写命令、写数据、读状态和读数据。写命令、写数据、读状态是 3 种常用的操作，把这 3 个函数定义在"LCD1602.h"头文件中，操作方法如下：

单击"File"菜单，选择"New"命令，输入写命令、写数据、读状态 3 个函数，然后单击"File"菜单，选择"Save as"命令，输入文件名"LCD1602.h"，并把这个文件添加到工程中。

LCD1602 读状态函数如下：

```c
#include <reg51.h>
#define LCD1602_DB P0          // 宏定义,P0 口用 LCD1602_DB 代替
sbit LCD1602_RS = P2^0;        // 定义 P2.0 引脚
sbit LCD1602_RW = P2^1;        // 定义 P2.1 引脚
sbit LCD1602_E = P2^2;         // 定义 P2.2 引脚
void InitLcd1602();
void delay(unsigned int i)
{
    while(i--);
}
/* 等待 LCD1602 准备好 */
void LcdWaitReady()
{
    unsigned char sta;
    LCD1602_DB = 0xFF;
    LCD1602_RS = 0;
    LCD1602_RW = 1;
    do {
        LCD1602_E = 1;
        sta = LCD1602_DB;          // 读取状态字
        LCD1602_E = 0;
    } while (sta & 0x80);          //bit7=1 表示 LCD1602 正忙,重复检测直
                                   // 到其等于 0 为止
}
```

在写操作时，使能信号 E 为下降沿有效。在软件设置顺序上，先设置 RS 和 R/W 状态，再设置数据，然后产生 E 信号的脉冲，最后复位 RS 和 R/W 状态。

LCD1602 写命令函数如下：

```c
void LcdWriteCmd(unsigned char cmd)
{
    LcdWaitReady();                // 等待 LCD1602 准备好
    LCD1602_RS = 0;                // 写命令状态时,RS=0,R/W=0
    LCD1602_RW = 0;
    LCD1602_DB = cmd;              // 写命令字到 P0 口
    LCD1602_E = 1;                 // 写入时序,E 脉冲从高电平到低电平
    LCD1602_E = 0;
}
```

LCD1602 写数据函数如下：

```
void LcdWriteDat(unsigned char dat)
{
    LcdWaitReady();
    LCD1602_RS = 1;                    // 写数据状态时,RS=1,R/W=0
    LCD1602_RW = 0;
    LCD1602_DB = dat;                  // 写数据到 P0 口
    LCD1602_E = 1;                     // 写入时序,E 脉冲从高电平到低电平
    LCD1602_E = 0;
}
```

LCD1602 初始化函数如下:

```
void InitLcd1602()                     // 初始化 LCD1602
{
    LcdWriteCmd(0x38);                 // 显示 5*7 点阵
    LcdWriteCmd(0x0C);                 // 显示开,光标关闭
    LcdWriteCmd(0x06);                 // 文字不动,地址自动 +1
    LcdWriteCmd(0x01);                 // 清屏
}
```

新建主函数文件,单击"File"菜单,选择"New"命令,输入主函数内容,最后单击"File"菜单,选择"Save as"命令,输入文件名"main.c",并把主函数文件添加到工程中。

主函数如下:

```
#include <reg52.h>
#include<DS18B20.h>
#include<LCD1602.h>
void LcdDisplay(int);
void main()
{
    InitLcd1602();                     // 初始化 LCD1602
    LcdWriteCmd(0x88);                 // 写地址,0x88 表示初始地址
    LcdWriteDat('C');
    while(1)
    {
        LcdDisplay(ReadTemperature()); // 调用 LCD 显示函数
    }
}
void LcdDisplay(int temp)              //LCD 显示函数
{
  unsigned char datas[] = {0,0,0,0,0}; // 定义数组
    float tp;
    if(temp< 0)                        // 当前温度值为负数
    {
        LcdWriteCmd(0x80);             // 写地址,0x80 表示初始地址
```

```
    LcdWriteDat('-');                    // 显示负
    // 因为读取的温度是实际温度的补码，所以减 1，再取反求出原码
    temp=temp-1;
    temp= ~ temp;
    tp=temp;
    temp=tp*0.0625*100+0.5;
// "*100" 表示留小数点后两位，"+0.5" 表示四舍五入。C 语言浮点数转换为整型
// 时会把小数点后面的数自动去掉，不管是否大于 0.5，而 "+0.5" 之后，原来大于 0.5
// 的就进 1 了，原来小于 0.5 的不满 1 被舍去。
    }
    else
    {
    LcdWriteCmd(0x80);                   // 写地址，0x80 表示初始地址
    LcdWriteDat('+');                    // 显示正
    tp=temp;                             // 因为数据处理有小数点，所以将温度赋给一
                                         // 个浮点型变量
    // 如果温度是正数，那么正数的原码就是补码本身
    temp=tp*0.0625*100+0.5;
    }
    datas[0] = temp / 10000;
    datas[1] = temp % 10000 / 1000;
    datas[2] = temp % 1000 / 100;
    datas[3] = temp % 100 / 10;
    datas[4] = temp % 10;
    LcdWriteCmd(0x82);                   // 写地址，0x82 表示初始地址
    LcdWriteDat('0'+datas[0]);           // 百位
    LcdWriteCmd(0x83);                   // 写地址，0x83 表示初始地址
    LcdWriteDat('0'+datas[1]);           // 十位
    LcdWriteCmd(0x84);                   // 写地址，0x84 表示初始地址
    LcdWriteDat('0'+datas[2]);           // 个位
    LcdWriteCmd(0x85);                   // 写地址，0x85 表示初始地址
    LcdWriteDat('.');                    // 显示小数点 '.'
    LcdWriteCmd(0x86);                   // 写地址，0x86 表示初始地址
    LcdWriteDat('0'+datas[3]);           // 显示小数点后第 1 位
    LcdWriteCmd(0x87);                   // 写地址，0x87 表示初始地址
    LcdWriteDat('0'+datas[4]);           // 显示小数点后第 2 位
    }
```

▶▶ 进阶任务

根据企业智能车间药装生产线对温湿度的要求，利用 DHT11 温湿度传感器检测温湿度，用 LCD1602 液晶显示器显示温湿度。

1. 硬件设计

硬件电路设计及元器件选择参考如下：

本任务包括时钟电路、复位电路、DHT11 温湿度传感器电路和 LCD1602 液晶显示器

显示电路。DHT11 的 DATA 接 P3.2 引脚，LCD1602 的 VSS 接地，VEE 接电位器，VDD 接电源，RS 接 P2.2 引脚，RW 接 P2.3 引脚，E 接 P2.4 引脚，D0 ～ D7 接 P0.0 ～ P0.7 引脚。元器件列表见表 2-20。

表 2-20　元器件列表

序号	元器件名称	型号 / 规格	数量	Proteus 中的名称
1	单片机	STC89C52	1	用 AT89C51 代替 STC89C52
2	陶瓷电容器	30pF	2	CAP
3	晶振	12MHz	1	CRYSTAL
4	电解电容	10μF	1	CAP–ELEC
5	电阻	500Ω	1	RES
6	按钮		1	BUTTON
7	排阻		1	RESPACK–8
8	DHT11 温湿度传感器	DHT11	1	DHT11
9	LCD1602 液晶显示器	LCD1602	1	LM016L
10	电位器	1kΩ	1	POT

控制电路图如图 2-63 所示。

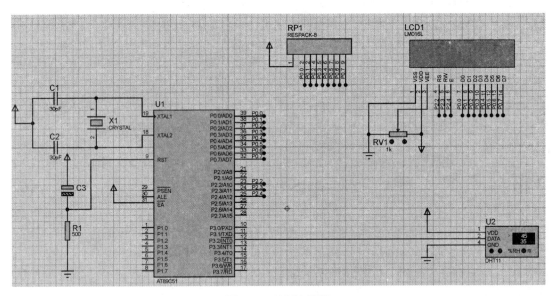

图 2-63　控制电路图

2. 软件设计

参考程序请扫描右侧二维码或下载本书电子配套资料查看。

 任务评价

见附录。

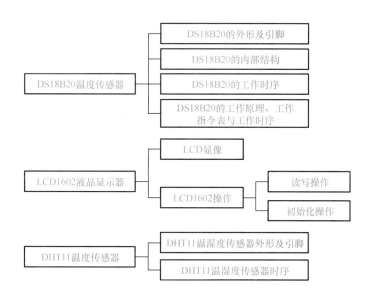

2.5.1　认识 DS18B20

DS18B20 是达拉斯（DALLAS）公司生产的一线式数字温度传感器，即单总线器件，它全部的传感元件及转换电路都集成在一个形如晶体管的集成电路内。用它来组成测温系统，具有线路简单、体积小的特点。一根通信线可以挂多个这样的数字温度传感器。DS18B20 具有如下特点：

1）独特的单线接口，仅需一个 I/O 口即可实现通信。

2）每个 DS18B20 上都有一个独一无二的 64 位序列号。

3）传感元件及转换电路都集成在一个形如晶体管的集成电路内，实际应用中不需要外接任何元器件即可实现测温。

4）测量温度范围为 –55 ～ 125℃，在 –10 ～ 85℃范围内误差为 ±0.5℃。

5）可编程分辨率为 9 ～ 12 位，对应的可分辨温度分别为 0.5℃、0.25℃、0.125℃、0.0625℃，可实现高精度测量。

6）12 位分辨率时，温度值转换为数字量所需的时间不超过 750ms；9 位分辨率时，温度值转换为数字量所需的时间不超过 93.75ms。用户可以根据需要选择合适的分辨率。

7）内部有温度上、下限报警设置。

8）可通过数据线供电，供电范围为 3.0 ～ 5.5V。

2.5.2　DS18B20 的外形及引脚

DS18B20 的外形封装如图 2-64 所示，引脚及说明见表 2-21。

图 2-64　DS18B20 外形封装

表 2-21　DS18B20 引脚及说明

TO-92 封装	8 引脚 SOIC 封装	符号	说明
1	5	GND	接地
2	4	DQ	数据输入 / 输出引脚
3	3	VDD	可选 VDD 引脚；工作于寄生电源模式时 VDD 必须接地

2.5.3　DS18B20 的内部结构

DS18B20 的内部结构如图 2-65 所示。DS18B20 内部主要由 64 位光刻 ROM、温度传感器、非易失性温度报警触发器 TH 和 TL、配置寄存器和高速暂存器部分组成。

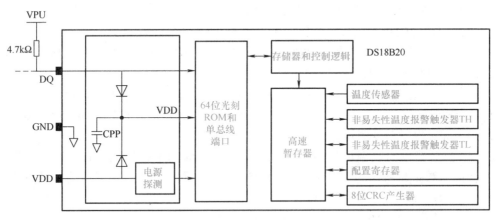

图 2-65　DS18B20 的内部结构

1.64 位光刻 ROM

64 位光刻 ROM 是出厂前已被刻好的，可以看作 DS18B20 的地址序列号，每个 DS18B20 都有一个唯一的地址序列号。64 位地址序列号的构成如图 2-66 所示。

8位CRC校验码	48位产品序列号	8位产品类型号

图 2-66 64 位地址序列号的构成

低 8 位（28H）是产品类型号，中间 48 位是产品序列号，高 8 位是低 56 位的 CRC（循环冗余）校验码。由于不同器件的地址序列号各不一样，多个 DS18B20 可以采用一条线进行通信。主机根据 ROM 的低 56 位计算 CRC 值，与存入 DS18B20 中的 CRC 值进行比较，以判断收到的 ROM 数据是否正确，识别不同的 DS18B20。

2. 温度传感器

DS18B20 中的温度传感器可以完成温度测量，将数据保存在高速暂存器的字节 0 和字节 1。以 12 位分辨率为例，温度数据存储格式见表 2-22。

表 2-22 温度数据存储格式

LS Byte（字节 0）	bit7	bit6	bit5	bit4	bit3	bit2	bit1	bit0
	2^3	2^2	2^1	2^0	2^{-1}	2^{-2}	2^{-3}	2^{-4}
MS Byte（字节 1）	bit15	bit14	bit13	bit12	bit11	bit10	bit9	bit8
	S	S	S	S	S	2^6	2^5	2^4

字节 1 的高 5 位为符号位，正温度时为 0，负温度时为 1；字节 0 的低 4 位为小数位。12 位分辨率对应的可分辨温度为 0.0625℃。

DS18B20 温度数据见表 2-23。正温度时只需要用测得的数据乘以 0.0625 即可得到实际的测量温度，例如，125℃时，DS18B20 对应的数字输出值为 0x07D0。负温度时需要将测得的值取反加 1 后再乘以 0.0625 才可以得到实际的测量温度，例如 –10.125℃对应的数字输出值为 0xFF5E。

表 2-23 DS18B20 温度数据

温度值 /℃	数字输出（二进制）	数字输出（十六进制）
125	0000011111010000	07D0
85	0000010101010000	0550
25.0625	0000000110010001	0191
10.125	0000000010100010	00A2
0.5	0000000000001000	0008
0	0000000000000000	0000
−0.5	1111111111111000	FFF8
−10.125	1111111101011110	FF5E
−25.0625	1111111001101111	FE6F
−55	1111110010010000	FC90

注：开机复位时，温度寄存器的值是 85℃（0550H）。

3. 高速暂存器

高速暂存器由 9 字节组成，见表 2-24。温度传感器接收到温度转换命令后，将转换成二进制的数据以二进制补码的形式保存在字节 0 和字节 1；字节 2 和字节 3 为温度上、下限设定值，用户自行设置；字节 4 为配置寄存器，其格式如图 2-67 所示。

表 2-24　高速暂存器结构

序号	寄存器名称	作用
0	温度低字节	以 16 位补码形式存放
1	温度高字节	
2	TH/ 用户字节 1	存放温度上限值
3	HL/ 用户字节 2	存放温度下限值
4	配置寄存器	配置工作模式
5 ～ 7	保留	保留
8	CRC 值	CRC 校验码

TM	R1	R0	1	1	1	1	1

图 2-67　高速暂存器字节 4 的格式

TM 为测试模式位，用于设置工作模式（TM 为 0）或测试模式（TM 为 1），出厂时该位被设置为 0，用户无须改动；R1 和 R0 用于设置分辨率（出厂时默认设置为 11），具体设置见表 2-25。

表 2-25　DS18B20 分辨率设置与温度转换时间

R1	R0	分辨率 / 位	温度最大转换时间 /ms
0	0	9	93.75
0	1	10	187.5
1	0	11	375
1	1	12	750

2.5.4　DS18B20 的工作原理

DS18B20 的测温原理如图 2-68 所示。低温度系数晶振的振荡频率受温度的影响很小，用于产生固定频率的脉冲信号送给减法计数器 1；高温度系数晶振的振荡频率随温度变化会明显改变，所产生的信号作为减法计数器 2 的脉冲输入。每次测量前，首先将 –55℃ 所对应的基数值分别置入减法计数器 1 和温度寄存器中。减法计数器 1 对低温度系数晶振产生的脉冲信号进行减法计数，当减法计数器 1 的预置值减到 0 时，温度寄存器的值将加 1，然后减法计数器 1 重新装入预置值，重新开始计数。减法计数器 2 对高温度系数晶振产生的脉冲信号进行减法计数，一直到减法计数器 2 减到 0 时，停止对温度寄存器值的累加，此时温度寄存器中的数值即为所测温度值。图 2-68 中的斜率累加器用于补偿和修正测温过程中的非线性误差，提高测量精度。其输出用于修正减法计数器的预置值，一直到减法计数器 2 等于 0 为止。

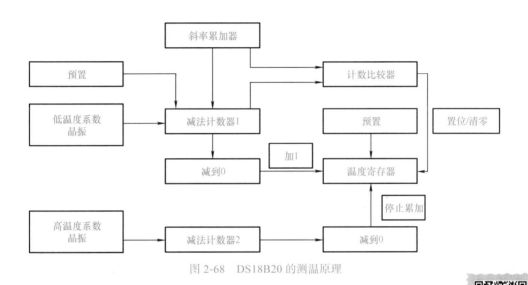

图 2-68   DS18B20 的测温原理

2.5.5   DS18B20 的工作指令表

DS18B20 的指令有 ROM 指令和功能指令两大类。当单片机检测到 DS18B20 的应答脉冲后，便可发出 ROM 操作指令。ROM 操作指令共有 5 类，见表 2-26。

表 2-26   ROM 指令表

指令类型	指令代码	功能
读 ROM	33H	读取光刻 ROM 中的 64 位序列号，只能用于总线上有单个 DS18B20 器件的情况，总线上有多个 DS18B20 器件时会发生数据冲突
匹配 ROM	55H	发出此指令后发送 64 位 ROM 序列号，只有序列号完全匹配的 DS18B20 才能响应后面的内存操作指令，其他不匹配的将等待复位脉冲
跳过 ROM	CCH	无须提供 64 位 ROM 序列号，直接发送功能指令，只能用于单片 DS18B20
搜索 ROM	F0H	识别出总线上 DS18B20 的数量及序列号
报警搜索	ECH	流程和搜索 ROM 指令相同，只有满足报警条件的从机才对该指令做出响应。只有在最近一次测温后遇到符合报警条件时，DS18B20 才会响应这条指令

在成功执行 ROM 操作指令后，才可使用功能指令。功能指令共有 6 种，见表 2-27。

表 2-27　功能指令表

指令类型	指令代码	功能
温度转换	44H	启动温度转换操作，产生的温度转换结果数据以 2 字节的形式被存储在高速暂存器中
读暂存器	BEH	读取高速暂存器内容，从字节 0～8，共 9 字节，主机可随时发起复位脉冲，停止此操作，通常只需读前 5 字节
写暂存器	4EH	发出向内部 RAM 的字节 2、3、4 写上、下限温度数据和配置寄存器命令，紧跟该命令之后，传送对应的 3 字节的数据
复制暂存器	48H	把 TH、TL 和配置寄存器（字节 4 和 23）的内容复制到 EEPROM 中
重调 EEPROM 暂存器	B8H	将存储在 EEPROM 中的温度报警触发值和配置寄存器值重新复制到高速暂存器中，此操作在 DS18B20 加电时自动执行
读供电方式	B4H	读 DS18B20 的供电模式。寄生供电时 DS18B20 发送 "0"，外接电源供电时 DS18B20 发送 "1"

2.5.6　DS18B20 的工作时序

One-Wire（单总线）是 DALLAS 公司研制开发的一种协议。它由一个总线主节点、一个或多个从节点组成系统，通过一根信号线对从芯片进行数据的读取。因此其协议对时序的要求比较严格，对读、写和应答时序都有明确的时间要求。在 DS18B20 的 DQ 上有复位脉冲、应答脉冲、写 "0"、写 "1"、读 "0"、读 "1" 这 6 种信号类型。除了应答脉冲外，其他都由主机产生，数据位的读和写是通过读、写时序实现的。

1. 初始化时序

初始化时序包括主机发出的复位脉冲和从机发出的应答脉冲，如图 2-69 所示。

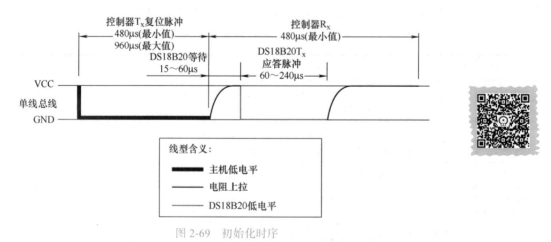

图 2-69　初始化时序

初始化时序过程描述如下：
① 主机先将总线置高电平。
② 延时（该时间要求不是很严格，但是要尽可能短一点）。

③ 主机拉低总线到低电平，延时至少 480μs（时间范围为 480 ～ 960μs）。

④ 主机释放总线，会产生一个由低电平跳变为高电平的上升沿。

⑤ 延时 15 ～ 60μs。

⑥ 单总线器件 DS18B20 通过拉低总线 60 ～ 240μs 来产生应答脉冲。

⑦ 若 CPU 读到数据线上的低电平，说明 DS18B20 在线，还要进行延时，其延时的时间从发出高电平（第④步的时间）算起最少要 480μs。

⑧ 将数据线再次拉到高电平后结束。

⑨ 主机可以开始对从机进行 ROM 命令和功能命令操作。

2. 写时序

写时序包含写 "1" 和写 "0" 两个时序，如图 2-70 所示。

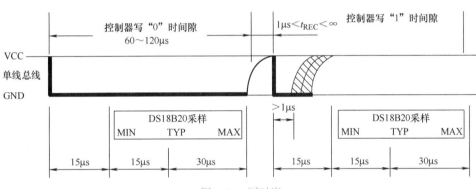

图 2-70　写时序

写时序过程描述如下：

① 主机拉低数据线为低电平。

② 延时不超过 15μs。

③ 按从低位到高位的顺序发送数据（一次只发送一位），写 "1" 时主机将总线拉高为高电平，写 "0" 时保持原来的低电平不变。

④ 延时时间为 60μs。

⑤ 将数据线拉高到高电平。

⑥ 重复第①～⑤步，直到发送完整的 1 字节。

⑦ 最后将数据线拉高到高电平。

3. 读时序

读时序包含读 "0" 和读 "1" 两个时序，如图 2-71 所示。

当单片机准备从 DS18B20 读取数据时，先发出启动读时序脉冲，即将总线电平拉低，保持 1μs 以上时间后，再将其设置为高电平。启动后等待 15μs，以便 DS18B20 将数据可靠地送至总线，然后单片机读取温度数据，完成后至少等待 45μs。读完一位数据后至少保持 1μs 的恢复时间。

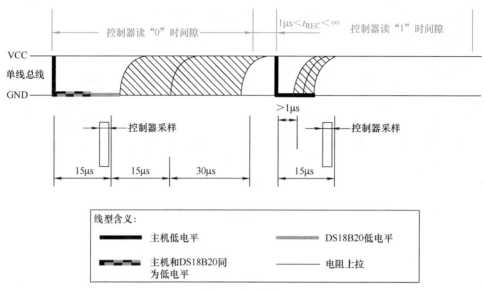

图 2-71 读时序

2.5.7 LCD 显像原理

LCD 是液晶显示器的简称，它是一种功耗极低的显示器件，广泛应用于便携式电子产品中。它不仅省电，而且能够显示文字、曲线、图形等大量信息。

液晶显示器的显像原理是将液晶置于两片导电玻璃之间，靠两个电极间电场的驱动，引起液晶分子扭曲向列的电场效应，以控制光源透射或遮蔽功能，在电源开与关之间产生明暗变化而将影像显示出来。液晶显示器件中的每个显示像素都可以被电场控制，不同的显示像素按照驱动信号的"指挥"在显示屏上合成出各种字符、数字及图形。液晶显示驱动器的功能就是建立这样的电场，通过对其输出到液晶显示器电极上的电位信号进行相位、峰值和频率等参数的调制来建立交流驱动电场，以实现液晶显示器的显示效果。液晶显示器的特点如下。

1）低压微功耗。工作电压为 3 ～ 5V，工作电流为几微安，因此它成为便携式和手持仪器仪表首选的显示屏幕。

2）平板型结构。减小了设备体积，安装时占用空间小。

3）被动显示。液晶本身不发光，而是靠调制外界光进行显示，因此适合人的视觉习惯，不易使人眼睛疲劳。

4）显示信息量大。像素小，在相同面积上可容纳更多信息。

5）易于彩色化。

6）没有电磁辐射。在显示期间不会产生电磁辐射，有利于人体健康。

7）寿命长。LCD 器件本身无老化问题，因此寿命极长。

2.5.8 字符型液晶显示器

字符型液晶显示器是一种用 5×7 点阵图形来显示字符的液晶显示器，接口格式统一，比较通用，无论显示屏的尺寸如何，它的操作指令及其形成的模块接口信号定义都是兼容的。这类显示器的型号通常为：×××1602，×××2002 等。对于 ×××1602，××× 为商标名称，16 代表液晶每行可以显示 16 个字，02 表示可显示两行，即这种显示器可同时显示 32 个字符，实物外形如图 2-72 所示。下面以 1602 液晶模块为例来进行介绍。

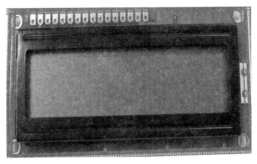

图 2-72　1602 液晶模块实物外形

1. 主要技术参数（见表 2-28）

表 2-28　1602 液晶模块主要技术参数表

显示容量	16×2 个字符
芯片工作电压 /V	4.5 ～ 5.5
工作电流 /mA	2.0（工作电压为 5.0V 时）
模块最佳工作电压 /V	5.0
字符尺寸 $\left(\dfrac{宽}{mm} \times \dfrac{高}{mm}\right)$	2.95×4.35

2. 接口信号说明（见表 2-29）

表 2-29　1602 液晶模块接口信号说明

编号	符号	引脚说明	编号	符号	引脚说明
1	VSS（GND）	电源地	9	D2	数据口
2	VDD	电源正极	10	D3	数据口
3	VO	液晶显示对比度调节端	11	D4	数据口
4	RS	数据 / 命令选择端（H/L）	12	D5	数据口
5	R/W	读 / 写选择端（H/L）	13	D6	数据口
6	E	使能信号	14	D7	数据口
7	D0	数据口	15	BLA	背光电源正极
8	D1	数据口	16	BLK	背光电源负极

3. 基本操作时序

读状态输入：RS=L，R/W=H，E=H。输出：D0 ～ D7 为状态字。

读数据输入：RS=H，R/W=H，E=H。输出：无。

写指令输入：RS=L，R/W=L，D0～D7为指令码，E=高脉冲。输出：D0～D7为数据。

写数据输入：RS=H，R/W=H，D0～D7为数据，E=高脉冲。输出：无。

4. RAM 地址映射

液晶显示器内部带有80B的RAM缓冲区，对应关系如图2-73所示。

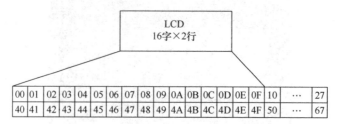

图2-73　RAM 地址映射

当向图2-73中的00～0F或40～4F地址中的任一处写入显示数据时，液晶模块都可以立即显示；当写入到10～27或50～67地址处时，必须通过移屏指令将它们移入可显示区域方可正常显示。

5. 状态字说明

状态字说明如图2-74所示。

STA7 D7	STA6 D6	STA5 D5	STA4 D4	STA3 D3	STA2 D2	STA1 D1	STA0 D0
STA0~STA6			当前地址指针的数值				
STA7			读/写操作使能(忙标志)		1—禁止，0—允许		

图2-74　状态字说明

每次对液晶显示器进行读/写操作之前，都必须进行读状态操作，确保STA7为0。

6. 指令说明（表2-30）

表2-30　指令说明

编号	指令名称	指令码								功能
1	显示模式设置	0	0	1	1	1	0	0	0	设置16×2显示，5×7点阵，8位数据接口
2	显示开/关及光标设置	0	0	0	0	1	D	C	B	D=1 开显示；D=0 关显示 C=1 显示光标；C=0 不显示光标 B=1 光标闪烁；B=0 光标不闪烁
3	输入方式设置	0	0	0	0	0	1	N	S	N=1：读或写一个字符后地址指针加1，且光标加1 N=0：读或写一个字符后地址指针减1，且光标减1 S=1：当写一个字符时，整屏显示左移（N=1）或右移（N=0），以得到光标不移动而屏幕移动的效果 S=0：当写一个字符时，整屏显示不移动

（续）

编号	指令名称	指令码								功能
4	光标左移	0	0	0	1	0	0	0	0	光标左移
5	光标右移	0	0	0	1	0	1	0	0	光标右移
6	整屏左移	0	0	0	1	1	0	0	0	整屏左移，同时光标跟随移动
7	整屏右移	0	0	0	1	1	1	0	0	整屏右移，同时光标跟随移动
8	清屏	0	0	0	0	0	0	0	1	显示清屏：①数据指针清零；②所有显示清零
9	显示回车	0	0	0	0	0	0	1	0	显示回车：数据指针清零
10	数据指针设置	80H+ 地址码 （0～27H，40H～67H）								设置数据地址指针，可访问内部的全部 80 个 RAM

7. 读写操作时序

对 1602 液晶模块的读写操作必须符合 1602 液晶模块的读写操作时序。

（1）读操作时序　1602 液晶模块读操作时序如图 2-75 所示。

读写操作时序的参数表见表 2-31。

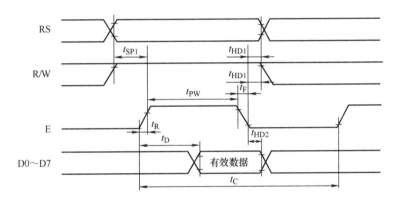

图 2-75　1602 液晶模块读操作时序

表 2-31　读写操作时序的参数表

名称	符号	最小值	典型值	最大值	单位	测试条件
E 信号周期	t_C	400	—	—	ns	引脚 E
E 脉冲宽度	t_{PW}	150	—	—	ns	
E 上升沿 / 下降沿时间	t_R / t_F	—	—	25	ns	
地址建立时间	t_{SP1}	30	—	—	ns	引脚 E、RS、R/W
地址保持时间	t_{HD1}	10	—	—	ns	
数据建立时间（读操作）	t_D	—	—	100	ns	引脚 D0～D7
数据保持时间（读操作）	t_{HD2}	20	—	—	ns	
数据建立时间（写操作）	t_{SP2}	40	—	—	ns	
数据保持时间（写操作）	t_{HD2}	10	—	—	ns	

单片机技术与应用

由于液晶模块是一种显示设备，因此一般不进行读数据操作，读操作[⊖]一般指的是读状态操作。在读操作时，使能信号 E 为高电平有效，所以在软件设置顺序上，先设置 RS 和 R/W 状态，再设置 E 信号为高电平，这时从数据口读取数据，然后将 E 信号置为低电平。通过判断读回的数据最高位的 0、1 状态，就可以知道 1602 液晶模块当前是否处于忙状态，如果 1602 液晶模块一直处于忙状态，则继续查询等待，直到不忙跳出循环进行后续操作。读状态检测忙信号子函数如下。

```
void LcdWaitReady()
{
    unsigned char sta;
    LCD1602_DB = 0xFF;
    LCD1602_RS = 0;
    LCD1602_RW = 1;
    do {
        LCD1602_E = 1;
        sta = LCD1602_DB;          // 读取状态字
        LCD1602_E = 0;
    } while (sta & 0x80);          //bit7=1 表示液晶模块正忙，重复检测直到
                                   // 其等于 0 为止
}
```

（2）写操作时序　1602 液晶模块写操作时序如图 2-76 所示。

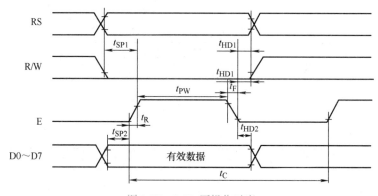

图 2-76　LCD 写操作时序

1）通过 RS 确定是写数据还是写命令。写命令包括液晶模块的光标是否显示，光标是否闪烁、是否需要移屏、显示位置等；写数据指要显示的内容。

2）读 / 写控制端设置为写模式，即低电平。

3）将数据或命令送达数据线上。

4）给 E 信号高脉冲将数据送入液晶显示器，完成写操作。

⊖　读操作包括读数据操作和读状态操作。

要想把字符显示在某一指定位置，就必须先将显示数据写在相应的 DDRAM（显示数据 RAM）地址中。1602 液晶模块是 2 行 16 列字符型液晶显示器，它的光标位置与相应命令字见表 2-32。

因此，在指定位置显示一个字符，需要两个步骤：①进行光标定位，写入光标位置命令字（写命令操作）；②写入要显示字符的 ASCII 码（写数据操作）。

表 2-32　光标位置与相应命令字

行	列															
	1	2	3	4	5	6	7	8	9	10	11	12	13	14	15	16
1	80	81	82	83	84	85	86	87	88	89	8A	8B	8C	8D	8E	8F
2	C0	C1	C2	C3	C4	C5	C6	C7	C8	C9	CA	CB	CC	CD	CE	CF

注：表中命令字以十六进制形式给出，该命令字就是与 1602 液晶模块显示位置相对应的 DDRAM 地址。

例如：在 1602 液晶模块的第 2 行第 7 列显示字符 "A"，可以使用以下语句。

```
LcdwriteCom(0xC6);        // 第 2 行第 7 列 DDRAM 地址为 0xC6
LcdwriteData(0x41);       // 该语句也可以写成 LcdwriteData('A');
```

写入一个显示字符后，如果没有再给光标重新定位，则 DDRAM 地址会自动加 1 或减 1，加或减由输入方式字设置。这里需要注意的是第 1 行 DDRAM 地址与第 2 行 DDRAM 地址并不连续。

关于时序图中的各个延时，不同厂家生产的液晶模块延时不同，大多数为纳秒级。单片机操作最小单位为微秒级，因此在写程序时可不做延时，不过为了使液晶模块运行稳定，最好做简短延时，这就需要测试以选定最佳延时。

8. 1602 液晶模块初始化操作

1602 液晶模块上电时，必须按照一定的时序对 1602 液晶模块进行初始化操作，主要任务是设置 1602 液晶模块的工作方式、显示状态、清屏、输入方式、光标位置等。光标位置与相应命令字见表 2-32。

2.5.9　认识 DHT11

温湿度传感器的核心是湿敏元件，湿敏元件主要有电阻式和电容式两大类。

湿敏电阻的特点是在基片上覆盖一层用感湿材料制成的膜，当空气中的水蒸气吸附在感湿膜上时，元件的电阻率和电阻值都发生变化，利用这一特性即可测量湿度。湿敏电容一般用高分子薄膜电容制成。当环境湿度发生改变时，湿敏电容的介电常数发生变化，使其电容量也发生变化，其电容变化量与相对湿度成正比。

DHT11 是单线接口数字温湿度传感器，温度测量范围是 0 ～ 50℃，测量精度是 ±2℃，湿度测量范围是 20%～ 90%RH，测量精度是 ±5%RH。DHT11 实物图和电路图如图 2-77 所示。

建议连接线长度小于 20m 时用 5kΩ 上拉电阻，大于 20m 时根据实际情况使用合适的上拉电阻。

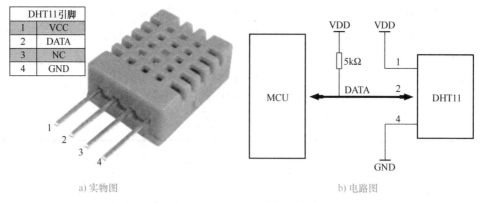

DHT11引脚	
1	VCC
2	DATA
3	NC
4	GND

a) 实物图　　　　　　　　　　　　　　　　　　b) 电路图

图 2-77　DHT11 实物图和电路图

DHT11 包含一个电阻式湿敏元件（即湿敏电阻）和一个负温度系数（NTC）测温元件，通过双向单线输出温湿度数据，一次数据输出为 40 位（高位在前，大约需要 4ms），数据格式为

8 位湿度整数 +8 位湿度小数（0）+8 位温度整数 +8 位温度小数（0）+8 位校验位

其中，湿度小数部分为 0，校验位是前 4 个 8 位数据之和的后 8 位。

校验位数据定义为

8 位湿度整数数据 + 8 位湿度小数数据 + 8 位温度整数数据 + 8 位温度小数数据 =
8 位校验位

如果等式成立，则本次传感器采集的数据有效，否则无效。用户主机（MCU）发送一次开始信号后，DHT11 从低速模式转换到高速模式，等待主机开始信号结束后，DHT11 发送响应信号，送出 40 位的数据，并触发一次信号采集，用户可选择读取部分数据。如果没有接收到主机发送开始信号，DHT11 不会主动进行温湿度采集。采集数据后转换到低速模式。

单总线格式定义见表 2-33。

表 2-33　单总线格式

名称	单总线格式定义
开始信号	微处理器把数据总线（SDA）拉低一段时间（至少 18ms，最多不得超过 30ms），通知传感器准备数据
响应信号	传感器把数据总线（SDA）拉低 83μs，再接高 87μs 以响应主机的开始信号
数据格式	收到主机开始信号后，传感器一次性从数据总线（SDA）串出 40 位数据，高位先出
湿度	湿度高位为湿度整数部分数据，湿度低位为湿度小数部分数据
温度	温度高位为温度整数部分数据，温度低位为温度小数部分数据，温度低位 bit8 为 1 表示负温度，否则为正温度
校验位	校验位 = 湿度高位 + 湿度低位 + 温度高位 + 温度低位

示例 1：接收到的 40 位数据为

0011 0101　　0000 0000　　0001 1000　　0000 0100　　0101 0001

湿度高 8 位　　湿度低 8 位　　温度高 8 位　　温度低 8 位　　校验位

计算：00110101+00000000+00011000+00000100=01010001，接收数据正确。

湿度：00110101（整数）=35H，对应 53%RH，00000000（小数）=00H，对应 0.0%RH，53%RH+0.0%RH=53.0%RH。

温度：00011000（整数）=18H，对应 24℃，00000100（小数）=04H，对应 0.4℃，24℃+0.4℃=24.4℃。

特殊说明：当温度低于 0℃时，温度数据低 8 位的最高位置为 1。

例如，−10.1℃表示为 0000101010000001

温度：00001010（整数）=0AH=10℃，00000001（小数）=01H=0.1℃，−（10℃+0.1℃）=−10.1℃。

示例 2：接收到的 40 位数据为

0011 0101　　0000 0000　　0001 1000　　0000 0100　　0100 1001

湿度高 8 位　　湿度低 8 位　　温度高 8 位　　温度低 8 位　　校验位

计算 0011 0101+00000000+00011000+00000100=0101 0001，0101 0001 不等于 0100 1001，本次接收的数据不正确，放弃，重新接收数据。

2.5.10　数据时序图

MCU 发送一次开始信号后，DHT11 从低速模式转换到高速模式，待主机开始信号结束后，DHT11 发送响应信号，送出 40 位的数据，并触发一次信采集。

总时序图如图 2-78 所示。

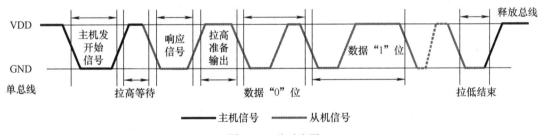

图 2-78　总时序图

需要注意的是，主机从 DHT11 读取的温湿度数据总是前一次的测量值，如两次测间隔时间很长，应连续读取两次并以第二次获得的值为实时温湿度值。

主机和从机之间的通信可通过如下几个步骤完成 [以外设（如微处理器）读取 DHT11 的数据为例]。

① DHT11 上电后（DHT11 上电后要等待 1s 以越过不稳定状态，在此期间不能发送任何指令），测试环境温湿度数据，并记录数据，同时 DHT11 的 DATA（数据）线由上拉电阻拉高一直保持高电平；此时 DHT11 的 DATA 引脚处于输入状态，时刻检测外部信号。

② 微处理器的 I/O 设置为输出，同时输出低电平，且低电平保持时间不能小于 18ms（最大不得超过 30ms），然后微处理器的 I/O 设置为输入状态，由于上拉电阻，微处理器

的 I/O（即 DHT11 的 DATA 线）电平也随之变高，等待 DHT11 做出响应。主机发送开始信号如图 2-79 所示。

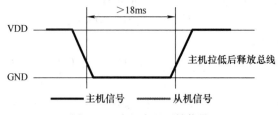

图 2-79　主机发送开始信号

③ DHT11 的 DATA 引脚检测到外部信号有低电平时，等待外部信号低电平结束，延迟后 DHT11 的 DATA 引脚处于输出状态，输出 83μs 低电平作为响应信号，紧接着输出 87μs 高电平通知外设准备接收数据，微处理器的 I/O 此时处于输入状态，检测到 I/O 有低电平（DHT11 响应信号）后，等待 87μs 高电平后的数据接收。从机响应信号如图 2-80 所示。

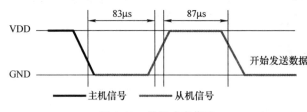

图 2-80　从机响应信号

④ 由 DHT11 的 DATA 引脚输出 40 位数据，微处理器根据 I/O 电平的变化接收 40 位数据，位数据 "0" 的格式为 54μs 低电平和 23 ～ 27μs 高电平，位数据 "1" 的格式为 54μs 低电平和 68 ～ 74μs 高电平。位数据 "0" "1" 格式信号如图 2-81 所示。

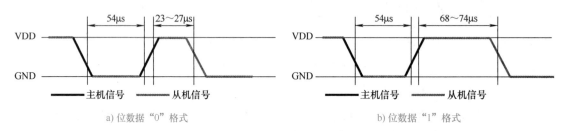

a) 位数据 "0" 格式　　　　　　　　　　　　b) 位数据 "1" 格式

图 2-81　数据格式信号

结束信号：DHT11 的 DATA 引脚输出 40 位数据后，继续输出 54μs 低电平后转为输入状态，由于上拉电阻随之变为高电平。DHT11 内部重测环境温湿度数据，并记录数据，等待外部信号的到来。

拓展提高

根据企业智能车间药装生产线对温湿度的要求，利用 DHT11 检测温湿度，用 LCD1602 显示温湿度，能设置温湿度上、下限，越限后能产生报警信号。

习题训练

编程题

用单片机控制 LCD1602，在第一行显示姓名拼音"xiaoming"字符串。在第二行正中间显示"I Love China！"字符串。

科创实践

1. 温湿度智能测控系统设计与制作

任务要求：① AT24C02 芯片掉电存储设置的上、下限值；② LCD1602 上行显示当前的温度和湿度，下行显示相应的冷、热、干、湿情况；③采用温湿度传感器 DHT11 测量温湿度，温度测量范围为 0 ～ 60℃，湿度测量范围为 5% ～ 90%RH；④当温度或者湿度超过阈值时，有声光报警提示，并有拨动开关可以关闭或打开报警；⑤当温度或湿度超限后，报警信号灯点亮，同时相应的继电器吸合；⑥设置 4 个按键——设置、加、减、确定，实现阈值的可调节功能。

2. 教室智能灯系统设计与制作

任务要求：①教室使用两个红外光电传感器来检测是否有人进入，并进行人数统计，实时显示到 LCD 上；②该控制系统有手动控制和自动控制两种模式，有 3 组继电器，可以控制 3 组 220V 的照明设备；③ LCD 显示当前的工作模式及当前 3 组照明设备的开关状态和人数；④自动模式下采用光敏电阻检测外界光线强度，同时检测教室人数，综合判断来开关 3 组照明灯；⑤两种模式可以通过按键切换，当教室有人（人数大于 0 时），如果光线暗弱则自动打开照明灯，照明灯点亮个数根据人数而定，当教室无人时，关闭所有照明灯，另外在手动控制模式下，可以通过手动开关控制照明灯的亮灭。

项目3

智能车间搬运系统设计与制作

本项目实现智能小车前进、后退、左转弯、右转弯等，利用红外传感器进行循迹，并能利用超声波进行避障及用 LCD 显示测试距离，能用红外遥控器、蓝牙和 WiFi 控制智能小车运动等。

任务 1　智能小车驱动模块设计与制作

✖ 任务描述

▶▶ **基础任务**

通过模拟企业智能车间 AGV，采用国产 STC 单片机控制 4 个直流电动机，实现智能小车前进、后退、左转弯、右转弯和停止。

▶▶ **进阶任务**

通过模拟企业智能车间 AGV，采用国产 STC 单片机控制 4 个直流电动机，调节电动机速度，实现智能小车前进、后退、左转弯、右转弯和停止。

✖ 任务目标

知识目标	1. 掌握直流电动机驱动模块 L298 的工作原理 2. 掌握直流电动机驱动模块 L298 与单片机的连接方法 3. 掌握直流电动机正转、反转、停止的程序编写方法 4. 掌握 PWM 电动机调速方法
能力目标	1. 会连接单片机与直流电动机驱动模块 L298 2. 会编写与调试直流电动机控制程序 3. 会编写 PWM 电动机调速控制程序
素质目标	1. 通过使用国产 STC 芯片，激发民族自豪感，培养爱国主义情怀 2. 通过电动机驱动电路设计与装接，培养安全操作意识，强调电路设计与装接工艺 3. 通过调试小车运动控制程序及驱动电路，培养细心、耐心、精益求精的工匠精神

✖ 任务实施

任务工单见附录。

基础任务

1. 硬件设计

硬件电路设计及元器件选择参考如下：

根据任务要求，由于单片机输出电流很小，不足以驱动直流电动机，所以需要使用直流电动机驱动芯片，本任务采用 L298 直流电动机驱动芯片。驱动模块电路框图如图 3-1 所示。

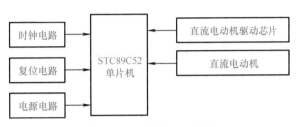

图 3-1　驱动模块电路框图

根据任务要求选择元器件。元器件列表见表 3-1。

表 3-1　元器件列表

序号	元器件名称	型号/规格	数量	Proteus 中的名称
1	单片机	STC89C52	1	用 AT89C51 代替 STC89C52
2	陶瓷电容器	22pF	2	CAP
3	晶振	12MHz	1	CRYSTAL
4	电解电容	22μF	1	CAP-ELEC
5	电阻	10kΩ	1	RES
6	二极管		8	1N4148 或 1N4007
7	电动机驱动芯片		1	L298
8	直流电动机		4	MOTOR
9	电解电容	1μF	1	CAP-ELEC

根据任务要求，用 Proteus 软件设计控制电路，单片机的 P2.0、P2.1、P2.2、P2.3 引脚接 L298 的 IN1、IN2、IN3、IN4，P2.4、P2.5 接 ENA、ENB 使能端。L298 的输出端 OUT1、OUT2 连接两个右电动机，OUT3、OUT4 连接两个左电动机，VS 引脚连接 +12V 驱动电源，VCC 引脚接 +5V 逻辑电源。连接地信号，SENSA 和 SENSB 接地。控制电路图如图 3-2 所示。

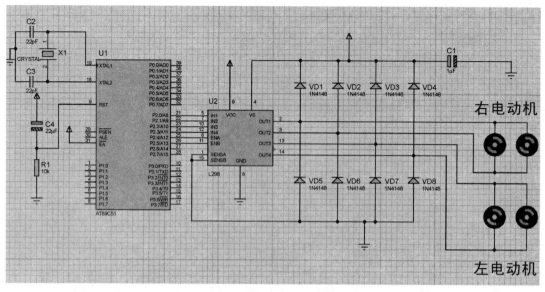

图 3-2　控制电路图

2. 软件设计

参考程序如下：

```
// 程序: ex3_1.c
#include<reg51.h>                          // 包含 51 单片机系统头文件
// 定义智能小车驱动模块输入 I/O 口
sbit IN1=P2^0;                             // 高电平后退（反转）
sbit IN2=P2^1;                             // 高电平前进（正转）
sbit IN3=P2^2;                             // 高电平前进（正转）
sbit IN4=P2^3;                             // 高电平后退（反转）
sbit EN1=P2^4;                             // 高电平使能
sbit EN2=P2^5;                             // 高电平使能
void delay(unsigned int xms)
{
    unsigned int i,j;
    for(i=xms;i>0;i--)                     //i=xms 即延时约 xms 毫秒
        for(j=112;j>0;j--);
}
void run(void)                             // 前进函数
{
    EN1=1;
    EN2=1;                                 // 电动机使能
    IN1=1;
    IN2=0;                                 // 左电动机正转
    IN3=1;
    IN4=0;                                 // 右电动机正转
}
```

```
void back(void)               // 后退函数
{
    EN1=1;
    EN2=1;                    // 电动机使能
    IN1=0;
    IN2=1;                    // 左电动机反转
    IN3=0;
    IN4=1;                    // 右电动机反转
}
void right(void)              // 右转弯函数
{
    EN1=1;
    EN2=1;                    // 电动机使能
    IN1=1;
    IN2=0;                    // 左电动机正转
    IN3=0;
    IN4=0;                    // 右电动机不动
}
void left(void)               // 左转弯函数
{
    EN1=1;
    EN2=1;                    // 电动机使能
    IN1=0;
    IN2=0;                    // 左电动机不动
    IN3=1;
    IN4=0;                    // 右电动机正转
}
void stop(void)               // 停止函数
{
    EN1=1;
    EN2=1;                    // 电动机使能
    IN1=0;
    IN2=0;                    // 左电动机不动
    IN3=0;
    IN4=0;                    // 右电动机不动
}
void spin_right(void)         // 向右旋转函数
{
    EN1=1;
    EN2=1;                    // 电动机使能
    IN1=1;
    IN2=0;                    // 左电动机正转
    IN3=0;
    IN4=1;                    // 右电动机反转
}
```

```
        void spin_left(void)          // 向左旋转函数
        {
            EN1=1;
            EN2=1;                    // 电动机使能
            IN1=0;
            IN2=1;                    // 左电动机反转
            IN3=1;
            IN4=0;                    // 右电动机正转
        }
        void main(void)
        {
            delay(2000);              // 延时2s后启动
            back();
            delay(1000);              // 后退1s
            stop();
            delay(500);               // 停止0.5s
            run();
            delay(1000);              // 前进1s
            stop();
            delay(500);               // 停止0.5s
            left();
            delay(1000);              // 向左转弯1s
            right();
            delay(1000);              // 向右转弯1s
            spin_right();
            delay(2000);              // 向左旋转2s
            spin_left();
            delay(2000);              // 向右旋转2s
            stop();                   // 停车
            while(1);                 // 死循环  复位键重新跑程序
        }
```

小锦囊

实物调试时，注意延时时间不要过长。

▶▶ 进阶任务

参考程序请扫描右侧二维码或下载本书电子配套资料查看。

任务评价

见附录。

知识链接

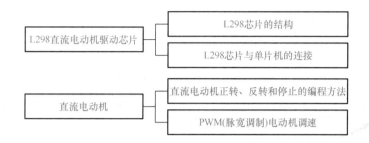

3.1.1　L298 直流电动机驱动芯片的结构

L298 直流电动机驱动芯片包括 4 个输入端，分别是 IN1、IN2、IN3 和 IN4，它们接输入控制电平，控制电动机的正反转；2 个使能端，分别是 ENA、ENB，控制电动机的停转；4 个输出端，分别是 OUT1、OUT2、OUT3 和 OUT4，它们之间可分别接直流电动机；VS 接 +12V 驱动电源；VCC 接 +5V 逻辑电源；SENSA 和 SENSB 接地。L298 芯片结构如图 3-3 所示。

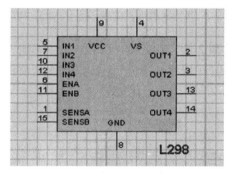

图 3-3　L298 芯片结构（截自图 3-2 的电路图）

小锦囊

L298 电动机驱动芯片的 IN1 ～ IN4 接单片机 I/O 引脚，OUT1 ～ OUT4 接直流电动机。IN1、IN2 控制接 OUT1、OUT2 的电动机，IN3、IN4 控制接 OUT3、OUT4 的电动机。

3.1.2　L298 芯片与单片机的连接

本任务采用两个直流电动机和一个 L298 电动机驱动芯片。单片机的 P2.0、P2.1、P2.2 和 P2.3 接 L298 的 IN1、IN2、IN3 和 IN4，P2.4、P2.5 接 ENA、ENB，L298 的 OUT1、OUT2 连接第一个直流电动机，OUT3、OUT4 连接第二个直流电动机，同时还需要在 4 个输出端和电源之间，以及输出端和地之间，都加上二极管，用来保护 L298 芯片的安全，L298 连上 +12V 驱动电源和 +5V 逻辑电源，还有地信号，最后再把 SENSA 和 SENSB 接地。L298 芯片与单片机的连接图如图 3-4 所示。

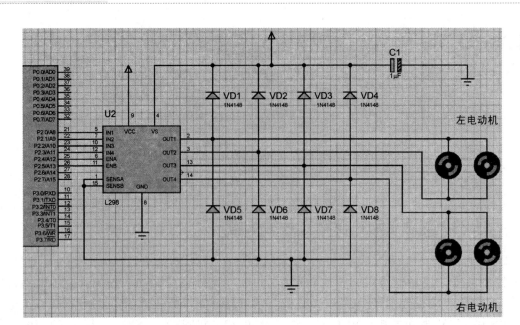

图 3-4 L298 芯片与单片机的连接图（截自图 3-2 的电路图）

3.1.3 直流电动机正转、反转和停止编程方法

直流电动机包括 1 端和 2 端，1 端接 +12V，2 端接地，正转；1 端接地，2 端接 +12V，反转；1 端和 2 端同时接地或 +12V，不转。直流电动机的端口如图 3-5 所示。

图 3-5 直流电动机的端口

直流电动机正转、反转和停止控制逻辑见表 3-2。

表 3-2 直流电动机正转、反转和停止控制逻辑表

ENA	IN1	IN2	运转状态
0	×	×	停止
1	1	0	正转
1	0	1	反转
1	1	1	制动
1	0	0	停止

定义电动机控制引脚程序如下：

```
sbit    A1=P2^0;        //A 通道输出
sbit    A2=P2^1;
sbit    B1=P2^2;        //B 通道输出
sbit    B2=P2^3;
sbit    ENA=P2^4;       //A 通道使能
sbit    ENB=P2^5;       //B 通道使能
```

电动机正转控制程序如下：

```
ENA=1;              // 使能端置 1
ENB=1;              // 使能端置 1
A1=1;               //A 电动机正转
A2=0;
B1=1;               //B 电动机正转
B2=0;
```

电动机反转控制程序如下：

```
ENA=1;              // 使能端置 1
ENB=1;              // 使能端置 1
A1=0;               //A 电动机反转
A2=1;
B1=0;               //B 电动机反转
B2=1;
```

电动机停止控制程序如下：

```
ENA=1;              // 使能端置 1
ENB=1;              // 使能端置 1
A1=0;
A2=0;
B1=0;
B2=0;
```

电动机制动控制程序如下：

```
ENA=1;              // 使能端置 1
ENB=1;              // 使能端置 1
A1=1;
A2=1;
B1=1;
B2=1;
```

3.1.4　PWM（脉宽调制）电动机调速

PWM 是一种对模拟信号电平进行数字编码的方法，产生一种周期一定而高低电平可调的方波信号。当输出脉冲的频率一定时，输出脉冲的占空比越大，其高电平持续的时间越长。方波信号如图 3-6 所示。

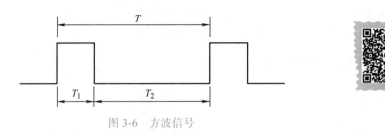

图 3-6　方波信号

在一个信号周期中，高电平持续的时间为 T_1，低电平持续的时间是 T_2，占空比是指高电平持续的时间与信号周期的比值。

例如：若信号周期 $T=4\mu s$，高电平持续的时间 $T_1=1\mu s$，则占空比为 $T_1/T=1/4=0.25$。

只要改变 T_1 和 T_2 的值，即改变占空比，那么高低电平持续的时间就改变了，即改变始能端 EN1 和 EN2 上输入方波的占空比就能改变加在电动机两端的电压大小，从而改变转速。

PWM 调速程序如下：

```
unsigned char pwm_val_left  =0;          // 变量定义
unsigned char pwm_val_right =0;
unsigned char push_val_left =5;          // 左电动机占空比为N/20,速度调
                                         // 节变量为0～20,0最小,20最大
unsigned char push_val_right=5;          // 右电动机占空比为N/20
bit Right_PWM_ON=1;                      // 右电动机PWM开关
bit Left_PWM_ON =1;                      // 左电动机PWM开关
//PWM调制电动机转速
// 左电动机调速
/* 调节push_val_left的值改变占空比和电动机转速 */
void pwm_out_left_moto(void)
{
    if(Left_PWM_ON)
    {
        if(pwm_val_left<=push_val_left)
        {
            EN1=1;
        }
        else
        {
            EN1=0;
        }
        if(pwm_val_left>=20)
```

```
            pwm_val_left=0;
        }
        else
        {
            EN1=0;                        // 若未开启 PWM，则 EN1=0，左电动机停止
        }
}
/***************************************************************/
/*                        右电动机调速                          */
void pwm_out_right_moto(void)
{
    if(Right_PWM_ON)
    {
        if(pwm_val_right<=push_val_right)
        //20ms 内电平信号 111 111 0000 0000 0000 00
        {
            EN2=1;                        // 占空比 6 : 20
        }
        else
        {
            EN2=0;
        }
        if(pwm_val_right>=20)
        pwm_val_right=0;
    }
    else
    {
        EN2=0;                            // 若未开启 PWM，则 EN2=0，右电动机停止
    }
}
//TIMER0 中断服务子函数产生 PWM 信号
void timer0() interrupt 1 using 2
{
    TH0=0xFC;                             //1ms 定时
    TL0=0x66;
    pwm_val_left++;
    pwm_val_right++;
    pwm_out_left_moto();
    pwm_out_right_moto();
}
void run(void)
{
    push_val_left=6;                      // 速度调节变量为 0 ～ 20，0 最小，20 最大
    push_val_right=6;
    EN1=1;
```

```
        EN2=1;
        IN1=1;
        IN2=0;
        IN3=1;
        IN4=0;
    }
```

举一反三

利用单片机控制步进电动机正转、反转、加速和减速。

习题训练

科创实践

直流电动机调速系统设计与制作。

任务要求：本设计任务要求使用单片机为控制核心。

功能要求：设置 5 个按键，分别是开始／暂停键、正／反转键、减键、加键、复位键，可以通过按键控制电动机的开始、停止、正转、反转、加速、减速。通过霍尔式传感器测出直流电动机的转速，并在 LCD1602 上面显示。

任务2　智能小车循迹模块设计与制作

任务描述

▶▶基础任务

通过模拟企业智能小车，利用红外循迹传感器，让智能小车沿着图 3-7 所示的基础路线循迹。

▶▶进阶任务

通过模拟企业智能小车，利用红外循迹传感器，让智能小车沿着图 3-8 所示的复杂路线循迹。

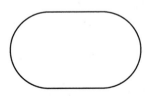

图 3-7　基础路线

图 3-8　复杂路线

任务目标

知识目标	1. 掌握红外循迹传感器的工作原理 2. 掌握红外循迹传感器电路的连接 3. 掌握红外循迹模块的调试方法 4. 掌握红外循迹控制程序设计方法
能力目标	1. 会连接红外循迹模块与单片机 2. 会编写红外循迹控制程序 3. 会调试红外循迹传感器灵敏度 4. 会识别和检测元器件
素质目标	1. 通过小组分工协作完成任务的形式，培养团队合作能力 2. 通过生产线搬运系统红外循迹任务的仿真软件和实物反复调试，培养规则意识，以及严谨认真和精益求精的工匠精神 3. 通过基础任务和进阶任务的软硬反复调试，养成检测、反馈与调整的职业习惯

任务实施

任务工单见附录。

1. 硬件设计

根据任务要求，循迹采用两个红外传感器，一个左红外循迹传感器，一个右红外循迹传感器。

循迹模块电路框图如图 3-9 所示。

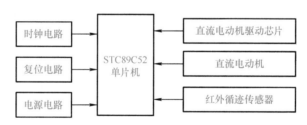

图 3-9　循迹模块电路框图

根据任务要求，选择元器件。元器件列表见表 3-3。

表 3-3　元器件列表

序号	元器件名称	型号 / 规格	数量	Proteus 中的名称
1	单片机	STC89C52	1	用 AT89C51 代替 STC89C52
2	陶瓷电容器	22pF	2	CAP
3	晶振	12MHz	1	CRYSTAL
4	电解电容	22μF	1	CAP-ELEC
5	电阻	10kΩ	1	RES
6	二极管		8	1N4148 或 1N4007

（续）

序号	元器件名称	型号/规格	数量	Proteus 中的名称
7	电动机驱动芯片		1	L298
8	直流电动机		4	MOTOR
9	电解电容	1μF	1	CAP-ELEC
10	开关		2	SWITCH（用开关模拟红外循迹传感器）

根据任务要求，用 Proteus 软件设计控制电路，把单片机的 P1.1 引脚接一个开关模拟左红外循迹传感器，P1.0 引脚接一个开关模拟右红外循迹传感器。控制电路图如图 3-10 所示。

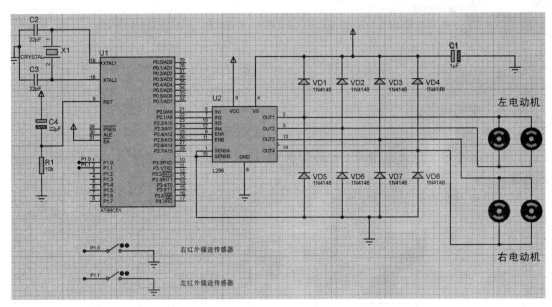

图 3-10　控制电路图

2. 软件设计

参考程序如下：

```
// 程序：ex3_3.c
#include<reg51.h>
sbit IN1=P2^0;
sbit IN2=P2^1;
sbit IN3=P2^2;
sbit IN4=P2^3;
sbit EN1=P2^4;
sbit EN2=P2^5;
unsigned char pwm_val_left  =0;          // 变量定义
unsigned char pwm_val_right =0;
```

```
unsigned char push_val_left =5;        // 左电动机占空比为 N/20，速度调
                                       // 节变量为 0 ~ 20，0 最小 ,20 最大
unsigned char push_val_right=5;        // 右电动机占空比为 N/20
bit Right_PWM_ON=1;                    // 右电动机 PWM 开关
bit Left_PWM_ON =1;                    // 左电动机 PWM 开关
sbit  Left_1_led=P1^1;                 // 左红外循迹传感器
sbit  Right_1_led=P1^0;                // 右红外循迹传感器
void delay(unsigned int xms)
{
    unsigned int i,j;
    for(i=xms;i>0;i--)                 //i=xms 即延时约 xms 毫秒
        for(j=112;j>0;j--);
}
void run(void)
{
    push_val_left=6;                   // 速度调节变量为 0 ~ 20，0 最小 ,20 最大
    push_val_right=6;
    EN1=1;
    EN2=1;
    IN1=1;
    IN2=0;
    IN3=1;
    IN4=0;
}
void back(void)
{
    EN1=1;
    EN2=1;
    IN1=0;
    IN2=1;
    IN3=0;
    IN4=1;
}
void right(void)
{
push_val_left=5;
push_val_right=5;
    EN1=1;
    EN2=1;
    IN1=1;
    IN2=0;
    IN3=0;
    IN4=0;
}
void left(void)
```

```
    {
        push_val_left=5;
        push_val_right=5;
        EN1=1;
        EN2=1;
        IN1=0;
        IN2=0;
        IN3=1;
        IN4=0;
    }
    void stop(void)
    {
        EN1=1;
        EN2=1;
        IN1=0;
        IN2=0;
        IN3=0;
        IN4=0;
    }
    void spin_right(void)        // 向右旋转函数
    {
        EN1=1;
        EN2=1;                   // 电动机使能
        IN1=1;
        IN2=0;                   // 左电动机正转
        IN3=0;
        IN4=1;                   // 右电动机反转
    }
    void spin_left(void)         // 向左旋转函数
    {
        EN1=1;
        EN2=1;                   // 电动机使能
        IN1=0;
        IN2=1;                   // 左电动机反转
        IN3=1;
        IN4=0;                   // 右电动机正转
    }
    /*********************************************************************/
    //                    PWM 调制电动机转速
    //                      左电动机调速
    /* 调节 push_val_left 的值改变占空比和电动机转速 */
    void pwm_out_left_moto(void)
    {
        if(Left_PWM_ON)
        {
```

```
            if(pwm_val_left<=push_val_left)
            {
                EN1=1;
            }
            else
            {
                EN1=0;
            }
            if(pwm_val_left>=20)
            pwm_val_left=0;
    }
    else
    {
        EN1=0;                          // 若未开启 PWM，则 EN1=0，左电动机停止
    }
}
/****************************************************************/
/*                          右电动机调速                       */
void pwm_out_right_moto(void)
{
    if(Right_PWM_ON)
    {
        if(pwm_val_right<=push_val_right)
        //20ms 内电平信号  111 111 0000 0000 0000 00
        {
            EN2=1;                      // 占空比 6：20
        }
        else
        {
            EN2=0;
        }
        if(pwm_val_right>=20)
        pwm_val_right=0;
    }
    else
    {
        EN2=0;                          // 若未开启 PWM，则 EN2=0，右电动机停止
    }
}
//TIMER0 中断服务子函数产生 PWM 信号
void timer0() interrupt 1 using 2
{
    TH0=0xFC;                           //1ms 定时
      TL0=0x66;
      pwm_val_left++;
```

```
        pwm_val_right++;
        pwm_out_left_moto();
        pwm_out_right_moto();
    }
    void main(void)
    {
        P2=0x00;                              // 关电动机
        delay(1000);                          //1s 后启动
        TMOD=0x01;
        TH0= 0xFC;                            //1ms 定时
        TL0= 0x66;
        TR0= 1;
        ET0= 1;
        EA = 1;                               // 开总中断
        while(1)                              // 无限循环
        {
            // 有信号为 0, 没有信号为 1
            if(Left_1_led==0&&Right_1_led==0)
                {
                    run();                    // 调用前进函数
                }
            else if(Left_1_led==1&&Right_1_led==0)        // 左边检测到黑线
                {
                    left();                   // 调用左转弯函数
                }
            else if(Right_1_led==1&&Left_1_led==0)        // 右边检测到黑线
                {
                    right();                  // 调用右转弯函数
                }
            else
                stop();
        }
    }
```

红外循迹传感器的调试方法如下:

调节左右红外循迹传感器的电位器位于车头前方,如图 3-11 所示。调节左右红外循迹传感器的电位器分别是 W3 和 W4。

W3 为左光电信号强度调节,顺时针调节电位器时增加检测距离,逆时针调节电位器时减少检测距离。

W4 为右光电信号强度调节,顺时针调节电位器时增加检测距离,逆时针调节电位器时减少检测距离(同 W3 一样)。

进行黑白线合理参数调试时,调节电位器 W3,在反馈距离与小车车轮底部一个平面上,操作员注意要认真,细致调动 W3 电位器,切忌着急。

图 3-11　调节左右红外循迹传感器的电位器

需要注意的是，有可能会出现黑线传感器感应不到黑线的情况，这是因为黑线传感器的灵敏度调得太高了，应该调低灵敏度，这样才能检测到黑线。灵敏度太高，黑色反射的红外光都能被传感器识别，导致检测失败。应该将黑线传感器上的可调电阻参考以上调节说明进行调试。

> **小锦囊**
>
> ① 调试时不要对着强光，建议在室内调试，环境光线对检测距离有比较大的影响，这是红外光本身原因，同单片机功能无关。
> ② 延时时间不要太长。

任务评价

见附录。

知识链接

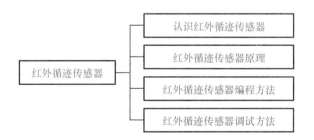

3.2.1 认识红外循迹传感器

本任务采用红外循迹传感器，它位于小车底部，小车底部有左右两个红外循迹传感器。红外循迹传感器如图 3-12 所示。

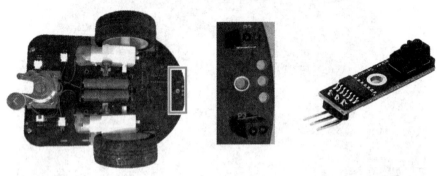

图 3-12 红外循迹传感器

3.2.2 红外循迹传感器原理

红外光有一个反射特性，但对于不同的物体反射特性是不一样的，特别是对白色反光的物体，红外光反射率会多一点，而对黑色不反光的物体，红外光反射率会大量减少，那么我们就可利用这个特性来完成对黑与白的判断。

1）当平面的颜色不是黑色时，传感器发射出去的红外光大部分被反射回来，所以传感器输出低电平。

2）当平面中有一黑线时，传感器在黑线上方，因黑色的反射能力很弱，反射回来的红外光很少，达不到传感器动作的水平，所以传感器输出高电平。

3）我们只要用单片机判断传感器的输出端是 0 或者是 1，就能检测到黑线。红外检测模块电路图如图 3-13 所示，检测提示模块如图 3-14 所示。

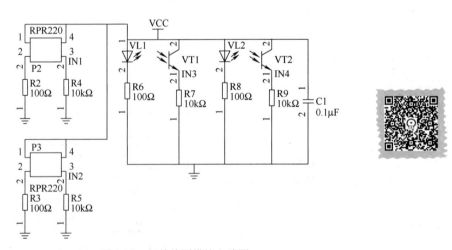

图 3-13 红外检测模块电路图

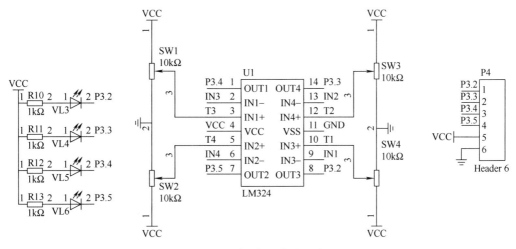

图 3-14　检测提示模块电路图

3.2.3　红外循迹传感器编程方法

（1）定义端口　小车左红外循迹传感器接单片机的 **P1.1** 引脚，右红外循迹传感器接单片机的 **P1.0** 引脚。

```
sbit  Left_1_led =P1^1;              // 左红外循迹传感器
sbit Right_1_led =P1^0;              // 右红外循迹传感器
```

（2）红外循迹输入　判断红外循迹传感器是否检测到黑线，当左右两边都没检测到黑线时，小车前进；当左边检测到黑线时，小车左转；当右边检测到黑线时，小车右转；当左右都检测到黑线时，小车停止。

（3）小车驱动输出　根据红外循迹传感器的检测状态，小车驱动输出见表 3-4。

表 3-4　红外循迹控制逻辑表

循迹检测输入		小车驱动输出	
左右两边都没检测到黑线	Left_1_led ==0& Right_1_led ==0	run（）	调用前进函数
左边检测到黑线	Left_1_led ==1& Right_1_led ==0	left（）	调用左转弯函数
右边检测到黑线	Left_1_led ==0& Right_1_led ==1	right（）	调用右转弯函数
左右都检测到黑线	Left_1_led ==1& Right_1_led ==1	stop（）	调用停止函数

参考程序如下：

```
if(Left_1_led==0&&Right_1_led==0)
{
    run();                           // 调用前进函数
}
else if(Left_1_led==1&&Right_1_led==0)   // 左边检测到黑线
{
    left();                          // 调用左转弯函数
```

```
        }
        else if(Right_1_led==1&&Left_1_led==0)     // 右边检测到黑线
        {
            right();                                 // 调用右转弯函数
        }
        else
        {
            stop();
        }
```

习题训练

任务3　智能小车避障模块设计与制作

任务描述

▶▶ **基础任务**

通过模拟企业智能小车，按下启动键小车行走，当遇到障碍物时，小车能做出各种躲避障碍的动作和报警，并用 LCD1602 显示测试的距离，还可以根据情况增加功能。

▶▶ **进阶任务**

通过模拟企业智能小车，按下启动键小车行走，当遇到障碍物时，小车能做出各种躲避障碍的动作和报警，并用 LCD12864 显示测试的距离，还可以根据情况增加功能。

任务目标

知识目标	1. 掌握超声波避障传感器的工作原理 2. 掌握超声波避障程序的编写方法
能力目标	1. 会连接超声波避障模块与单片机 2. 会编写与调试超声波避障的程序
素质目标	1. 通过小组分工协作完成任务的形式，培养团队合作能力 2. 通过调试控制电路和控制程序，培养认真细致、精益求精的工匠精神 3. 通过小车避障软硬联调，养成检测、反馈与调整的职业习惯

任务实施

任务工单见附录。

基础任务

1. 硬件设计

根据任务要求，避障采用超声波传感器。避障模块电路框图如图 3-15 所示。

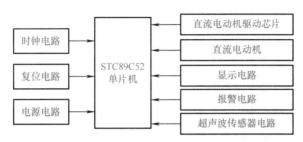

图 3-15　避障模块电路框图

根据任务要求，选择元器件。元器件列表见表 3-5。

表 3-5　元器件列表

序号	元器件名称	型号 / 规格	数量	Proteus 中的名称
1	单片机	STC89C52	1	用 AT89C51 代替 STC89C52
2	陶瓷电容器	22pF	2	CAP
3	晶振	12MHz	1	CRYSTAL
4	电解电容	22μF	1	CAP–ELEC
5	电阻	10kΩ	1	RES
6	二极管		8	1N4148 或 1N4007
7	电动机驱动芯片		1	L298
8	直流电动机		4	MOTOR
9	电解电容	1μF	1	CAP–ELEC
10	超声波传感器		1	HC–SR04
11	蜂鸣器		1	BUZZER
12	按钮		1	BUTTON
13	液晶显示器	LCD1602	1	LM016L
14	排阻		1	RESPACK–8
15	晶体管		1	PNP

根据任务要求，用 Proteus 软件设计控制电路，把单片机的 P1.3 引脚接超声波模块 ECHO（接收）端，P1.2 引脚接超声波模块 TR（控制）端。控制电路图如图 3-16 所示。

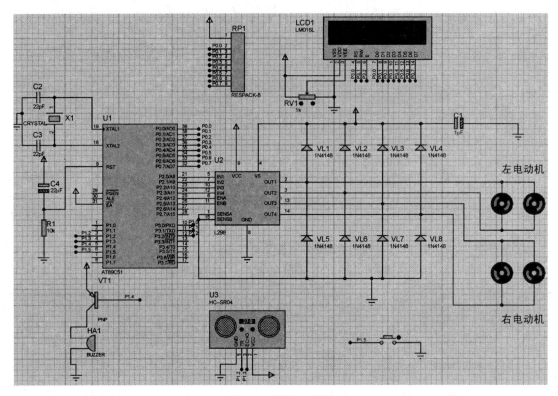

图 3-16　控制电路图

小锦囊

设置蜂鸣器参数，设置 Operating Voltage 为 3V。

2. 软件设计

参考程序如下：

```c
// 程序：ex3_4.c
#include <reg51.h>            //51 芯片配置文件
#include <intrins.h>          // 包含 nop 等系统函数
#define LCM_Data  P0          // 定义液晶显示器数据口
#define Busy    0x80          // 用于检测 LCD 状态字中的 Busy 标识
sbit LCM_RW=P3^1;             // 定义 LCD 引脚
sbit LCM_RS=P3^0;
sbit LCM_E=P3^2;
// 定义小车驱动模块输入 I/O 口
sbit IN1=P2^0;
sbit IN2=P2^1;
```

```
sbit IN3=P2^2;
sbit IN4=P2^3;
sbit EN1=P2^4;
sbit EN2=P2^5;
sbit beep=P1^4;                          // 蜂鸣器驱动口定义
sbit TX=P1^2;                            // 超声波模块 TR 端
sbit RX=P1^3;                            // 超声波模块 ECHO 端
sbit K4=P1^5;                            // 定义启动按键
unsigned char code Range[] ="==Range Finder==";
unsigned char code ASCII[13] = "0123456789.-M";    //LCD1602 显示格式
unsigned char code table[]="Distance:000.0cm";
unsigned char code table1[]="!!! Out of range";
unsigned char disbuff[4]={0,0,0,0};      // 用于存放距离值的千位、百位、十位、个位值
unsigned int  time=0;                    // 用于存放定时器时间值
unsigned long S=0;                       // 用于存放距离的值
bit  flag =0;                            // 量程溢出标志位
char a=0;
void delay(unsigned int xms)
{
    unsigned int i,j;
    for(i=xms;i>0;i--)                   //i=xms 即延时约 xms 毫秒
    for(j=112;j>0;j--);
}
void Delay10us(unsigned char i)    //10µs 延时函数，启动超声波模块时使用
{
    unsigned char j;
do{
  j = 10;
  do{
    _nop_();
    }while(--j);
}while(--i);
}
/******LCD1602 驱动函数 *****************/
//******************** 读状态 ***********************//
unsigned char ReadStatusLCM(void)
{
    LCM_Data = 0xFF;
    LCM_RS = 0;
    Delay10us(1);
    LCM_RW = 1;
    Delay10us(1);
    do{
    LCM_E = 0;
    Delay10us(1);
```

```
        LCM_E = 0;
        Delay10us(1);
        LCM_E = 1;
        Delay10us(1);
     }
     while (LCM_Data & Busy);          // 检测忙信号
     return(LCM_Data);
}
/*************** 写数据 ***********************/
void WriteDataLCM(unsigned char WDLCM)
{
     ReadStatusLCM();                  // 检测忙
     LCM_Data = WDLCM;
     LCM_RS = 1;
     Delay10us(1);
     LCM_RW = 0;
     Delay10us(1);
     LCM_E = 0;                        // 若晶振速度太高, 可以在这之后加一小段
                                       // 延时
     Delay10us(1);
     LCM_E = 0;                        // 延时
     Delay10us(1);
     LCM_E = 1;
     Delay10us(1);
}
//*************** 写指令 ***********************//
void WriteCommandLCM(unsigned char WCLCM,BuysC)
                                       //BuysC 为 0 时忽略忙检测
{
     if (BuysC) ReadStatusLCM();       // 根据需要检测忙
     LCM_Data = WCLCM;
     LCM_RS = 0;
     Delay10us(1);
     LCM_RW = 0;
     Delay10us(1);
     LCM_E = 0;
     Delay10us(1);
     LCM_E = 0;
     Delay10us(1);
     LCM_E = 1;
     Delay10us(1);
}
//******************LCD 初始化 ********************//
void LCMInit(void)
{
```

```
    LCM_Data = 0;
    WriteCommandLCM(0x38,0);        //3次显示模式设置，不检测忙信号
    delay(5);
    WriteCommandLCM(0x38,0);
    delay(5);
    WriteCommandLCM(0x38,0);
    delay(5);
    WriteCommandLCM(0x38,1);        // 显示模式设置，开始要求每次检测忙信号
    WriteCommandLCM(0x08,1);        // 关闭显示
    WriteCommandLCM(0x01,1);        // 显示清屏
    WriteCommandLCM(0x06,1);        // 显示光标移动设置
    WriteCommandLCM(0x0c,1);        // 开显示及光标设置
}
//********************* 按指定位置显示一个字符 ***********************//
void DisplayOneChar(unsigned char X,unsigned char Y,unsigned char
DData)
{
    Y &= 0x1;
    X &= 0xF;                       // 限制X不能大于15,Y不能大于1
    if (Y) X |= 0x40;              // 当要显示第二行时地址码+0x40
    X |= 0x80;                      // 算出指令码
    WriteCommandLCM(X,1);          // 发命令字
    WriteDataLCM(DData);           // 发数据
}
//********************* 按指定位置显示一串字符 ***********************//
void DisplayListChar(unsigned char X,unsigned char Y,unsigned char
code *DData)
{
unsigned char ListLength;
  ListLength = 0;
    Y &= 0x1;
    X &= 0xF;                       // 限制X不能大于15,Y不能大于1
    while (DData[ListLength]>0x19) // 若到达字符串尾则退出
        {
            if (X <= 0xF)           //X坐标应小于0xF
                {
                    DisplayOneChar(X,Y,DData[ListLength]);
                                        // 显示单个字符
                    ListLength++;
                    X++;
                }
        }
}
void StartModule()              // 启动超声波模块
{
```

```
        TX=1;                           // 启动一次模块
        Delay10us(2);
        TX=0;
}
void Forward(void)                      // 前进
{
        IN2=1;
        IN3=1;
        IN1=0;
        IN4=0;
}
void Stop(void)                         // 停止
{
        IN1=0;
        IN2=0;
        IN3=0;
        IN4=0;
}
void back(void)                         // 后退
{
        IN1=1;
        IN2=0;
        IN3=0;
        IN4=1;
}
void Turn_Right(void)                   // 向右旋转
{
    IN1=0;
    IN2=1;
    IN3=0;
    IN4=1;
}
/******** 距离计算程序 ***************/
void conut1(void)
{
    time=TH1*256+TL1;
    TH1=0;
    TL1=0;
            // 此时 time 的时间单位取决于晶振频率，外接晶振频率为 11.0592MHz
            // 那么 1μs 声波能走多远的距离呢？ 1s=1000ms=1000000μs
            //340m/1000000=0.00034m
            //0.00034m=0.34mm，也就是 1μs 能走 0.34mm
            // 但是，我们现在计算的是从超声波发射到反射接收的双路程
            // 所以我们将计算的结果除以 2 才是实际的路程
    S=time*0.17+10;         // 此时计算到的结果为毫米，并且是精确到毫米的后两位了
```

```
    }
void Conut(void)
{
    conut1();
    //======= 显示部分 =========================================
    if((S>=5000)||flag==1)              // 超出测量范围
    {
        a=0;
        flag=0;
        DisplayListChar(0,1,table1);
    }
    else
    {
        disbuff[0]=S%10;
        disbuff[1]=S/10%10;
        disbuff[2]=S/100%10;
        disbuff[3]=S/1000;
        DisplayListChar(0,1,table);
        DisplayOneChar(9,1,ASCII[disbuff[3]]);
        DisplayOneChar(10,1,ASCII[disbuff[2]]);
        DisplayOneChar(11,1,ASCII[disbuff[1]]);
        DisplayOneChar(12,1,ASCII[10]);
        DisplayOneChar(13,1,ASCII[disbuff[0]]);
    }
    //======= 避障部分 =========================================
    if(S<=400)                          // 障碍物距离，与车速有关，可更改
    {
        a++;
        if(a>=2)
        {
            a=0;
            FM=0;
            Stop();
            back();                     // 后退缓冲
            delay(230);                 // 后退缓冲时间，与车速有关，可更改
            B:Turn_Right();
              delay(50);                // 旋转角度，与环境复杂程度有关，可更改
              Stop();
              delay(100);               // 旋转顿挫时间，能观察到视觉效果，可更改
              StartModule();
              while(RX==0);
              TR1=1;                    // 开启计数
              while(RX);                // 当 RX 为 1 时计数并等待
              TR1=0;                    // 关闭计数
              conut1();
```

```
            if(S>340)                   // 可直行方向无障碍物距离，与环境有关，可
                                        // 更改
            {
                Turn_Right();
                delay(90);
                Stop();                 // 微调前进方向，避免车宽对前进影响
                delay(200);
                FM=1;
                run();
            }
            else
            {
                goto B;                 // 若没转到空旷方向，回到 B 点，继续旋转
                                        // 一次
            }
        }
        else
        {
            run();                      // 无障碍物，直行
        }
    }
     else
     {
        a=0;
        run();              // 无障碍物，直行
     }
}
void zd0() interrupt 3                  //T0 中断用于计数器溢出判断
{
    flag=1;                             // 中断溢出标志
    RX=0;
}
/******** 超声波高电平脉冲宽度计算程序 ****************/
void Timer_Count(void)
{
    TR1=1;                              // 开启计数
    while(RX);                          // 当 RX 为 1 时计数并等待
    TR1=0;                              // 关闭计数
    Conut();                            // 计算
}
void keyscan(void)                      // 按键扫描函数
{
    A:  if(K4==0)                       // 判断是否有按下信号
        {
            delay(10);                          // 延时 10ms
```

```
        if(K4==0)                          // 再次判断是否按下
          {
            FM=0;                          // 蜂鸣器响
            while(K4==0);                  // 判断是否松开按键
            FM=1;                          // 蜂鸣器不响
          }
          else
          {
            goto A;                        // 跳转到A重新检测
          }
      }
      else
      {
        goto A;                            // 跳转到A重新检测
      }
}
/************* 主程序 ********************/
void main()
{
    unsigned int a;
    delay(400);                            // 启动等待，等LCD进入工作状态
    LCMInit();                             //LCD初始化
    delay(5);                              // 延时片刻
    DisplayListChar(0,0,Range);
    DisplayListChar(0,1,table);
    TMOD=TMOD|0x10;                        // 设T0为工作方式1,GATE=1；
    EA=1;                                  // 开启总中断
    TH1=0;
    TL1=0;
    ET1=1;                                 // 允许T0中断
    keyscan();                             // 按键扫描
    while(1)
    {
        RX=1;
        StartModule();                     // 启动模块
        for(a=951;a>0;a--)
        {
            if(RX==1)
            {
              Timer_Count();               // 超声波高电平脉冲宽度计算函数
            }
        }
    }
}
```

进阶任务

1. 硬件设计

根据任务要求，选择元器件。元器件列表见表 3-6。

表 3-6　元器件列表

序号	元器件名称	型号 / 规格	数量	Proteus 中的名称
1	单片机	STC89C52	1	用 AT89C51 代替 STC89C52
2	陶瓷电容器	22pF	2	CAP
3	晶振	12MHz	1	CRYSTAL
4	电解电容	22μF	1	CAP-ELEC
5	电阻	10kΩ	1	RES
6	二极管		8	1N4148 或 1N4007
7	电动机驱动芯片		1	L298
8	直流电动机		4	MOTOR
9	电解电容	1μF	1	CAP-ELEC
10	超声波传感器		1	HC-SR04
11	蜂鸣器		1	BUZZER
12	按钮		1	BUTTON
13	液晶显示器	LCD12864	1	AMPIRE128 × 64
14	排阻		1	RES16DIPIS
15	晶体管		1	PNP

控制电路图如图 3-17 所示。

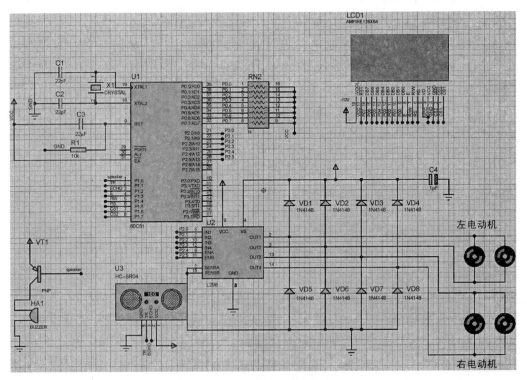

图 3-17　控制电路图

2. 软件设计

编程采用多文件系统，参考程序请扫描右侧二维码或下载本书电子配套资料查看。

✖ 任务评价

见附录。

✖ 知识链接

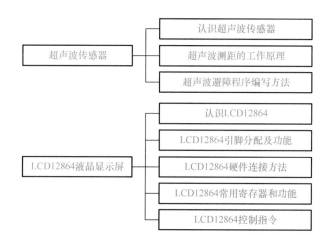

3.3.1　认识超声波传感器

本任务采用 HC-SR04 超声波模块，它有两个探头，一个是发送（T），往外发送超声波，另一个是接收（R）。它包含的 4 个引脚是 VCC、GND、Trig（即 Proteus 中 HC-SR04 的 TR 端）和 ECHO（即 Proteus 中 HC-SR04 的 ECHO 端），分别接电源、地、控制端和接收端，如图 3-18 所示。

图 3-18　HC-SR04 超声波模块

超声波模块安装在智能小车的底盘上，如图 3-19 和图 3-20 所示，它的作用是用来探测智能小车的前方的一个障碍物。这样我们必须要用 4 个引脚的排针座固定在智能小车的前方位置。单片机的 P2.0 引脚接 ECHO 端，P2.1 引脚接 Trig 端。

图 3-19　智能小车底盘

图 3-20　超声波模块安装位置

3.3.2　超声波测距的工作原理

超声波测距的工作原理是利用超声波在空气中的传播速度为已知（一般程序中直接给定 340m/s），测量声波在发射后遇到障碍物反射回来的时间，根据发射和接收的时间差计算出发射点到障碍物的实际距离。由此可见，超声波测距原理与雷达原理是一样的。

这个测距的公式是 $L=cT$，式中 L 为测量距离的长度，c 为超声波在空气中的传播速度，T 为测量距离传播的时间差（T 为发射到接收时间数值的一半）。已知超声波在空气中的传播速度 c=340m/s（20℃室温）。

超声波传播速度误差受空气密度影响，空气密度越高则超声波的传播速度就越快，而空气密度又与温度有着密切的关系，近似公式为 $c=c_0+0.607T$，式中 c_0 为零度时的超声波传播速度 332m/s，T 为实际温度（℃）。

对于超声波测距精度要求达到 1mm 时，就必须把超声波传播的环境温度考虑进去。

超声波模块工作原理如下：

1）采用 I/O 口 Trig 触发测距，给至少 10μs 的高电平信号。

2）模块自动发送 8 个 40kHz 的方波，自动检测是否有信号返回。

3）如有信号返回，通过 I/O 口 ECHO 输出一个高电平，高电平的持续时间就是超声波从发射到返回的时间，所以测量距离 =（高电平持续时间 × 声速）/2，式中声速为 340m/s。

本模块使用方法简单，一个控制口发一个 10μs 以上的高电平，就可以在接收口等待高电平输出。一有输出就可以开定时器计时，当接收口变为低电平时就可以读定时器的值，这个值就是此次测距的时间，由此可算出测量距离。如此不断地进行周期测距，即可以达到移动测量的值。超声波测距工作原理图如图 3-21 所示，HC-SR04 超声波模块的电气参数见表 3-7。

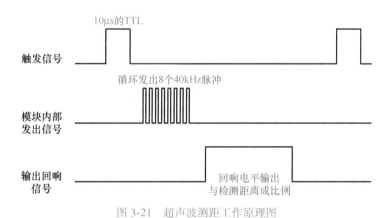

图 3-21　超声波测距工作原理图

表 3-7　HC-SR04 超声波模块的电气参数

电气参数	HC-SR04 超声波模块
工作电压	DC 5V
工作电流	15mA
工作频率	40Hz
最远射程	4m
最近射程	2cm
测量角度	15°
输入触发信号	10μs 的 TTL 脉冲
输出回响信号	输出 TTL 电平信号，与射程成比例
规格尺寸（长 × 宽 × 高）	45mm × 20mm × 15mm

3.3.3　超声波避障程序编写方法

（1）定义超声波传感器端口　参考程序如下：

```
sbit TX=P1^2;                    // 超声波模块 Trig 端
sbit RX=P1^3;                    // 超声波模块 ECHO 端
```

（2）超声波测距　公式及参考程序如下：

$$测试距离 =（高电平持续时间 \times 声速）/2$$

```
void conut1(void)
{
    time=TH1*256+TL1;
    TH1=0;
    TL1=0;
    S=time*0.17+10;
}
```

（3）超声波避障　参考程序如下：

```
void Conut(void)
{
    conut1();
    ...
  if(S<=400 )
  {
    ...
    if(S>340 )
    {
      ...
    }
    else
    {
    ...
    }
else
{
...
}
```

3.3.4　认识 LCD12864 液晶显示器

LCD12864 液晶显示器是 128×64 点阵的汉字图形型液晶显示模块，可显示汉字及图形；内置 8192 个中文汉字（16×16 点阵）、128 个字符（8×16 点阵）及显示 RAM（64×256 点阵）；可与 CPU 直接连接，提供两种界面来连接 CPU，包括 8 位并行及串行两种连接方式；具有多种功能，如光标显示、画面移位、睡眠模式等。LCD12864 实物图如图 3-22 所示。

a) 正面　　　　　　　　　　　　　　　　b) 背面

图 3-22　LCD12864 实物图

3.3.5　LCD12864 的引脚分配及功能

LCD12864 的引脚图如图 3-23 所示。

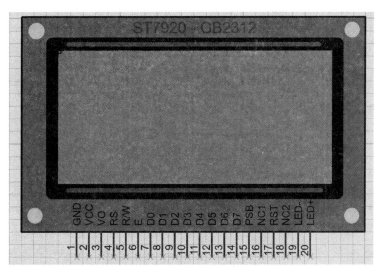

图 3-23　LCD12864 的引脚图

LCD12864 的引脚功能表见表 3-8。

表 3-8　LCD12864 的引脚功能表

引脚号	引脚	电平	说明
1	GND	0V	电源地
2	VCC	5V	电源正极
3	VO		LCD 驱动电源输入端
4	D/I（RS）	H/L	数据 / 指令选择 高电平：数据 DB0 ～ DB7 将送入显示 RAM 低电平：数据 DB0 ～ DB7 将送入指令寄存器执行

（续）

引脚号	引脚	电平	说明
5	R/W	H/L	读/写选择 高电平：读出数据到 DB0 ~ DB7 低电平：将 DB0 ~ DB7 上的数据写入指令或数据寄存器
6	E（SCLK）	H/L	读写使能，高电平有效，下降沿锁定数据
7	D0	H/L	数据输入输出引脚
8	D1	H/L	数据输入输出引脚
9	D2	H/L	数据输入输出引脚
10	D3	H/L	数据输入输出引脚
11	D4	H/L	数据输入输出引脚
12	D5	H/L	数据输入输出引脚
13	D6	H/L	数据输入输出引脚
14	D7	H/L	数据输入输出引脚
15	PSB	H/L	高电平：并行连接方式 低电平：串行连接方式
16	NC1		空脚
17	$\overline{RST}$	H/L	复位端，低电平有效（高电平正常工作，低电平复位）
18	NC2		空脚
19	LED−		背光电源负极（LED 0V）
20	LED+		背光电源正极（LED +5V）

说明如下：

1）VO 通常可以接在一个可调电阻的一端，用来调节 LCD 的对比度。

2）LCD12864 的引脚 19 和 20 用来接 LCD 的背光电源，一般的型号，引脚 19 接电源负极，引脚 20 接电源正极。

3.3.6　LCD12864 的硬件连接方法

LCD12864 有并行和串行两种连接方法。

1. 并行连接方法

LCD12864 并行连接方法如图 3-24 所示。

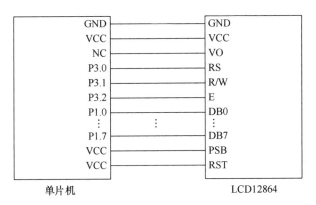

图3-24 LCD12864并行连接方法

2. 串行连接方法

LCD12864串行连接方法如图3-25所示。

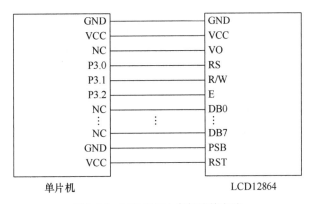

图3-25 LCD12864串行连接方法

3.3.7 常用寄存器和功能位

LCD12864可以从数据总线接收来自单片机的指令和数据，并存入其内部的指令和数据寄存器中。在这些指令和数据的控制下，液晶显示器内部的行、列驱动器对所带的128×64点阵液晶显示模块进行控制，从而显示出对应信息。LCD12864中的常用寄存器和功能位如下：

1. 指令寄存器（IR）

IR用来寄存指令码。当D/I=0时，在E脚信号的下降沿来临时，指令码写入IR。

2. 数据寄存器（DR）

DR用来寄存数据，与指令寄存器寄存指令相对应。当D/I=1时，在下降沿作用下，图形显示数据写入DR，或在E信号高电平作用下由DR读到DB7～DB0数据总线。

3. 忙标志位（BF）

BF 位用来提供内部工作情况。BF=1 表示模块在内部操作，此时模块不接收外部指令和数据；BF=0 表示模块为准备状态，随时可以接收外部指令和数据。

4. 显示控制位（DFF）

DFF 位用来控制模块屏幕显示的开和关。DFF=1 为开显示，DDRAM 的内容就显示在屏幕上；DFF=0 为关显示。DFF 的状态是由指令 DISPLAY ON/OFF 和 RST 信号控制的。

5. XY 地址计数器

XY 地址计数器是一个 9 位寄存器。高 3 位是 X 地址计数器，低 6 位为 Y 地址计数器。XY 地址计数器相当于 LCD 内部显示数据 RAM（DDRAM）的地址指针，X 地址计数器为 DDRAM 的页指针，Y 地址计数器为 DDRAM 的 Y 地址指针。

Y 地址计数器具有循环计数功能，各显示数据写入后，Y 地址自动加 1，Y 地址指针可以从 0 ~ 63 自动计数。X 地址计数器没有循环计数功能。

6. 显示数据 RAM（DDRAM）

液晶显示模块带有 1024 字节的显示数据 RAM，它储存着液晶显示器的显示数据，液晶显示器会根据其中的内容进行显示。DDRAM 单元中的一位对应于显示屏上的一个点，如某位为 "1"，则与该位对应的 LCD 上的那一点就会有显示。

KS0107（KS0108）控制器的 DDRAM 按字节寻址，因此为了使 LCD 的定位与 KSO107（KS0108）的寻址相统一，将整个显示屏划分为左右两个半屏，每半屏是 64 × 64 个像素点，由一个 KS0107（KS0108）控制器来控制。再把横向上的 64 个像素点编为 0 ~ 63 列，把纵向上的 64 个像素点分成 8 页，每页 8 行，这样每页的某一列的 8 行像素就对应了一个 DDRAM 单元，设置每个 DDRAM 单元的数据就可以控制整个显示屏的显示信息。

DDRAM 地址与显示位置映射表见表 3-9，DDRAM 地址映射表见表 3-10。

表 3-9　DDRAM 地址与显示位置映射表（半屏 64 × 64）

X 地址		Y 地址								
		Y1	Y2	Y3	Y4	…	Y62	Y63	Y64	
X=0 （第 0 页）	Line1	1/0	1/0	1/0	1/0	…	1/0	1/0	1/0	DB0
	Line1	1/0	1/0	1/0	1/0	…	1/0	1/0	1/0	DB1
	Line2	1/0	1/0	1/0	1/0	…	1/0	1/0	1/0	DB2
	Line3	1/0	1/0	1/0	1/0	…	1/0	1/0	1/0	DB3
	Line4	1/0	1/0	1/0	1/0	…	1/0	1/0	1/0	DB4
	Line5	1/0	1/0	1/0	1/0	…	1/0	1/0	1/0	DB5
	Line6	1/0	1/0	1/0	1/0	…	1/0	1/0	1/0	DB6
	Line7	1/0	1/0	1/0	1/0	…	1/0	1/0	1/0	DB7

（续）

X 地址		Y 地址								
		Y1	Y2	Y3	Y4	…	Y62	Y63	Y64	
X=1 ～ X=6		…								…
X=7 （第 7 页）	Line56	1/0	1/0	1/0	1/0	…	1/0	1/0	1/0	DB0
	Line57	1/0	1/0	1/0	1/0	…	1/0	1/0	1/0	DB1
	Line58	1/0	1/0	1/0	1/0	…	1/0	1/0	1/0	DB2
	Line59	1/0	1/0	1/0	1/0	…	1/0	1/0	1/0	DB3
	Line60	1/0	1/0	1/0	1/0	…	1/0	1/0	1/0	DB4
	Line61	1/0	1/0	1/0	1/0	…	1/0	1/0	1/0	DB5
	Line62	1/0	1/0	1/0	1/0	…	1/0	1/0	1/0	DB6
	Line63	1/0	1/0	1/0	1/0	…	1/0	1/0	1/0	DB7

表 3-10　DDRAM 地址映射表（全屏 128×64）

$\overline{CS1}=0$							$\overline{CS2}=0$						
Y 地址						X 地址	Y 地址						X 地址
0	1	2	…	62	63		0	1	2	…	62	63	
DB0 ～ DB7		PAGE0（第 0 页）				X=0	DB0 ～ DB7		PAGE0（第 0 页）				X=0
DB0 ～ DB7		PAGE1（第 1 页）				X=1	DB0 ～ DB7		PAGE1（第 1 页）				X=1
…		…				…	…		…				…
DB0 ～ DB7		PAGE6（第 6 页）				X=7	DB0 ～ DB7		PAGE6（第 6 页）				X=7
DB0 ～ DB7		PAGE7（第 7 页）				X=8	DB0 ～ DB7		PAGE7（第 7 页）				X=8

　　参考表 3-10 的内容，如果将 LCD12864 横向放置，对于左或右半屏，X 地址就将屏幕分成了上下排列的 8 个部分（8 页），每页纵向上有 64 列，每列 8 个显示点，这 8 个显示点由 1 字的数据进行控制。在一般的显示程序中，会将每页（8×64）中的一个 8 列即一个 8×8 点阵作为一个基本的显示单元，显示这一个单元的数据是 8 字节。一个标准的 ASC Ⅱ 码符号点阵是 8×16，要两个显示单元，一个标准的汉字点阵是 16×16，要 4 个显示单元。LCD12864 左右两屏由相同的两个控制器分别控制，$\overline{CS1}$ 和 $\overline{CS2}$ 引脚对操作

的半屏进行选择。

满屏显示的话，Y 地址为两倍（0～63）、X 地址为 0～7，需要 128×8=1024 字节的数据。

7. Z 地址计数器

Z 地址计数器是一个 6 位计数器，此计数器具备循环计数功能，用于显示行扫描同步。当一行扫描完成，Z 地址计数器自动加 1，指向下一行扫描数据，RST 复位后 Z 地址计数器为 0。

3.3.8　控制指令

KS0107（KS0108）的控制指令较为简单，共有 7 个。KS0107（KS0108）控制 LCD12864 指令表见表 3-11。

表 3-11　KS0107（KS0108）控制 LCD12864 指令表

指令名称	控制信号		位内容							
	R/W	D/I	DB7	DB6	DB5	DB4	DB3	DB2	DB1	DB0
设置显示开 / 关	0	0	0	0	1	1	1	1	1	1/0
设置显示起始行	0	0	1	1	行地址（0～63）					
设置页地址	0	0	1	0	1	1	1	页地址（0～7）		
设置列地址	0	0	0	1	列地址（0～63）					
读状态	1	0	BF	0	ON/OFF	RST	0	0	0	0
写数据	0	1	D7	D6	D5	D4	D3	D2	D1	D0
读数据	1	1	D7	D6	D5	D4	D3	D2	D1	D0

各控制指令具体功能如下。

1. 设置显示开 / 关指令（见表 3-12）

表 3-12　设置显示开 / 关指令

位	R/W	D/I	DB7	DB6	DB5	DB4	DB3	DB2	DB1	DB0
值	0	0	0	0	1	1	1	1	1	1/0

功能：设置屏幕显示开 / 关。DB0=1，开显示；DB0=0，关显示。不影响 DDRAM 中的内容。

开显示指令码：0x3F。

关显示指令码：0x3E。

例如：

```
void SetOnOff(uint8 onoff)        // 设置显示开 / 关 ,0x3E 为关 ,0x3F 为开
{
```

```
    onoff = 0x3E | onoff;            //onoff 为 0 时关显示，为 1 时开显示
    write_LCD_command(onoff);
}
```

2. 设置显示起始行指令（见表 3-13）

表 3-13　设置显示起始行指令

位	R/W	D/I	DB7	DB6	DB5	DB4	DB3	DB2	DB1	DB0
值	0	0	1	1	行地址（0 ～ 63）					

功能：执行该指令后，所设置的行将显示在屏幕的第 0 行。显示起始行是由 Z 地址计数器控制的，该命令自动将 A0 ～ A5 位地址送入 Z 地址计数器，起始地址可以是 0 ～ 63 范围内的任意一行。

起始行初始化指令码：0xC0（回第 0 行）。

例如：

```
void Set_line(uint8 startline)    // 设置显示起始行
{
    startline = 0xC0 | startline;
    write_LCD_command(startline);
}
```

3. 设置页地址指令（见表 3-14）

表 3-14　设置页地址指令

位	R/W	D/I	DB7	DB6	DB5	DB4	DB3	DB2	DB1	DB0
值	0	0	1	0	1	1	1	页地址（0 ～ 7）		

功能：执行本指令后，下面的读写操作将在指定页内，直到重新设置。页地址就是 DDRAM 的行地址，存储在 X 地址计数器中，D2 ～ D0 可表示 8 页，读写数据对页地址没有影响。除了本指令可改变页地址外，复位信号（RST）也可以把 X 地址计数器的内容清零。

页地址初始化指令码：0xB8（设置在第 0 页）。

如需设置在其他页，指令码可为：0xB8+ 页地址数。例如设置在第 2 页，指令码为 0xBA，在编程中，为了方便地设置页地址，可以直接写为 0xB8+2。

例如：

```
void Set_page(uint8 page)         // 设置显示起始页
{
    page = 0xB8 | page;           // 页的首地址 0xB8
    write_LCD_command(page);
}
```

4. 设置列地址指令（见表 3-15）

表 3-15 设置列地址指令

位	R/W	D/I	DB7	DB6	DB5	DB4	DB3	DB2	DB1	DB0
值	0	0	1	1	列地址（0～63）					

功能：DDRAM 的列地址存储在 Y 地址计数器中，读写数据对列地址有影响，在对 DDRAM 进行读写操作后，Y 地址自动加 1。

列地址初始化指令码：0x40（设置在第 0 列）。

例如：

```
void Set_column(uint8 column)      // 设置列地址
{
    column = column & 0x3F;        // 列的最大值为 64
    column = column | 0x40;        // 列的首地址为 0x40
    write_LCD_command(column);
}
```

5. 读状态指令（见表 3-16）

表 3-16 读状态指令

位	R/W	D/I	DB7	DB6	DB5	DB4	DB3	DB2	DB1	DB0
值	0	0	BF	0	ON/OFF	RST	0	0	0	0

功能：读 LCD 数据输入/输出口，读忙信号标志位（BF）、复位标志位（RST）以及显示状态位（ON/OFF）的状态，各位表示状态说明如下。

BF=1 为 LCD 内部正在执行操作；BF=0 为 LCD 空闲，可对其操作。

RST=1 为 LCD 处于复位初始化状态；RST=0 为 LCD 处于正常状态。

ON/OFF=1 为 LCD 处于关显示状态；ON/OFF=0 为 LCD 处于开显示状态。

例如：

```
sbit DI = P2^2;            //DI 为 0 时写指令或读状态，为 1 时写数据
sbit RW = P2^3;            //RW 为 1 时写，为 0 时读
sbit EN = P2^4;            // 使能
sbit CS1 = P2^0;           // 片选 1，低电平有效，控制左半屏
sbit CS2 = P2^1;           // 片选 2，低电平有效，控制右半屏
void Read_busy()           // 状态检测函数
{
    P0 = 0x00;
    DI = 0;                // 状态检测,DI 为 0,RW 为 1
    RW = 1;
    EN = 1;
    while(P0 & 0x80)       // 读忙信号标志，为 1 表示忙，为 0 表示空闲
    {   ;   }
```

```
        EN = 0;
    }
```

6. 写数据指令（见表 3-17）

表 3-17　写数据指令

位	R/W	D/I	DB7	DB6	DB5	DB4	DB3	DB2	DB1	DB0
值	0	1	D7	D6	D5	D4	D3	D2	D1	D0

功能：写数据到 DDRAM。DDRAM 是存储图形显示数据的，写数据指令执行后 Y 地址计数器自动加 1。DB7 ～ DB0 位数据为 1 表示该点显示，数据为 0 表示该点不显示。写数据到 DDRAM 前，要先执行"设置页地址"和"设置列地址"指令来确定存储的位置。

7. 读数据指令（见表 3-18）

表 3-18　读数据指令

位	R/W	D/I	DB7	DB6	DB5	DB4	DB3	DB2	DB1	DB0
值	1	1	D7	D6	D5	D4	D3	D2	D1	D0

功能：从 DDRAM 读数据，数据从 DB 口读出。从 DDRAM 读数据前要先执行"设置页地址"和"设置列地址"指令来确定读出数据的位置。读指令操作后 Y 地址会自动加 1。

3.3.9　操作时序

写操作时序如图 3-26 所示。

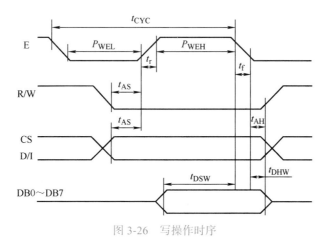

图 3-26　写操作时序

写操作函数如下：

```
void write_LCD_command(uint8 value)          // 写命令函数
{
    Read_busy();
    DI = 0;                                   // 写命令
    RW = 0;                                   // 写操作
    LCD_databus = value;
    EN = 1;                                   //EN 下降沿锁存有效数据
    _nop_();
    _nop_();
    _nop_();                                  // 空指令，短暂延时
    EN = 0;
}
void write_LCD_data(uint8 value)             // 写数据函数
{
    Read_busy();
    DI = 1;                                   // 写数据
    RW = 0;                                   // 写操作
    LCD_databus = value;
    EN = 1;                                   //  EN 下降沿锁存有效数据
    _nop_();
    _nop_();
    _nop_();                                  // 空指令，短暂延时
    EN = 0;
}
```

读操作时序如图 3-27 所示。

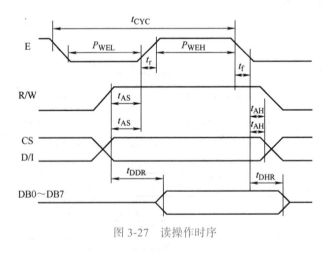

图 3-27   读操作时序

读写操作时序的参数表见表 3-19。

表 3-19　读写操作时序的参数表

名称	符号	最小值 /ns	典型值	最大值 /ns
E 周期时间	t_{CYC}	1000		
E 高电平宽度	P_{WEH}	450		
E 低电平宽度	P_{WEL}	450		
E 上升时间	t_r			25
E 下降时间	t_f			25
地址建立时间	t_{AS}	140		
地址保持时间	t_{AH}	10		
数据建立时间	t_{DSW}	200		
数据延迟时间	t_{DDR}			320
写数据保持时间	t_{DHW}	10		
读数据保持时间	t_{DHR}	20		

拓展提高

　　任务要求：通过模拟企业智能车间 AGV 搬运小车，按下启动键小车行走，当遇到障碍物时，小车能做出各种躲避障碍的动作和报警，并用 LCD12864 串行显示测试的距离，还可以根据情况增加功能。

习题训练

操作题

　　用 LCD12864 显示"我爱你中国"（用并行和串行两种连接方式实现）。

任务 4　智能小车遥控模块设计与制作

任务描述

▶▶ **基础任务**

　　通过模拟企业智能车间 AGV 搬运小车（简称智能小车），利用红外遥控实现智能小车前进、后退、左转、右转和停止。

任务目标

知识目标	1. 掌握红外遥控模块的结构和工作原理 2. 掌握红外遥控编码 3. 掌握红外遥控程序设计方法
能力目标	1. 能够认出红外遥控传感器 2. 能编写与调试红外遥控的程序 3. 能实现智能小车的红外遥控
素质目标	1. 通过小组分工协作完成任务的形式，培养团队合作能力 2. 通过反复调试任务，培养认真细致、精益求精的工匠精神和劳动精神 3. 通过实施红外遥控任务，培养信息安全意识 4. 养成检测、反馈与调整的职业习惯

任务实施

任务工单见附录。

>> 基础任务

1. 硬件设计

根据任务要求，采用红外遥控器和红外接收模块。红外遥控模块电路框图如图3-28所示。

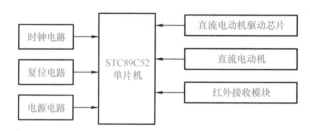

图 3-28 红外遥控模块电路框图

元器件列表见表3-20。

表 3-20 元器件列表

序号	元器件名称	型号/规格	数量	Proteus 中的名称
1	单片机	STC89C52	1	用 AT89C51 代替 STC89C52
2	陶瓷电容器	30pF	2	CAP
3	晶振	12MHz	1	CRYSTAL
4	电解电容	10μF	1	CAP-ELEC
5	电阻	10kΩ	1	RES
6	二极管		8	1N4148 或 1N4007
7	电动机驱动芯片		1	L298
8	直流电动机		4	MOTOR
9	电解电容	1μF	1	CAP-ELEC
10	红外遥控器和红外接收模块			

红外遥控器和红外接收模块如图 3-29 所示。

图 3-29　红外遥控器和红外接收模块

2. 软件设计

参考程序如下：

```c
// 程序: ex3_6.c
#include<reg51.h>
sbit IR=P3^2;                    // 红外接收模块接到单片机 P3.2 引脚
sbit IN1=P2^0;
sbit IN2=P2^1;
sbit IN3=P2^2;
sbit IN4=P2^3;
unsigned char  irtime;           // 红外用全局变量
bit irpro_ok,irok;
unsigned char IRcord[4];
unsigned char irdata[33];
void delay(unsigned int i)
{
    unsigned int j,k;
    for(k=0;k<i;k++)
  for(j=0;j<255;j++);
    }
void run()                       // 小车前进函数
{
IN1=0;
IN2=1;
IN3=0;
IN4=1;
delay(1000);
}
void back()                      // 小车后退函数
```

```
{
IN1=1;
IN2=0;
IN3=1;
IN4=0;
delay(1000);
}
void left()                          // 小车左转弯函数
{
IN1=0;
IN2=0;
IN3=1;
IN4=0;
delay(1000);
}
void right()                         // 小车右转弯函数
{
IN1=1;
IN2=0;
IN3=0;
IN4=0;
delay(1000);
}
void spin_left ()                    // 小车左旋转函数
{
IN1=0;
IN2=1;
IN3=1;
IN4=0;
delay(1000);
}
void spin_right ( )                  // 小车右旋转函数
{
IN1=1;
IN2=0;
IN3=0;
IN4=1;
delay(1000);
}
void stop()                          // 小车停止函数
{
IN1=0;
IN2=0;
IN3=0;
IN4=0;
```

```
  delay(1000);
}
void tim0_isr (void) interrupt 1 using 1  //T0 中断处理   通过定时器检测高
                                          // 低电平
{
  irtime++;                               // 用于计数两个下降沿之间的时间
}
void EX0_ISR(void) interrupt 0            // 外部中断 0 中断处理   检测到是否
                                          // 接收引导码中断程序
{
  static unsigned char  i;                // 接收红外信号处理
  static bit startflag;                   // 是否开始处理标志位
if(startflag)
    {
    if(irtime<63&&irtime>=33)
    // 引导码 TC9012(单片机解码红外遥控器) 的头码 (4.5ms 高电平 +4.5ms 低电
    // 平),9ms+4.5ms 头码的持续时间为 33(8.448ms) ~ 63(16.128ms)
      i=0;
    irdata[i]=irtime;    // 存储每个电平的持续时间,用于以后判断是 0 还是 1
    irtime=0;
    i++;
    if(i==33)            //33 是 33 位的意思,包括 32 位的数据和 1 位的头码
        {
        irok=1;
      i=0;
        }
      }
    else
  {
    irtime=0;
    startflag=1;
  }
}
void TIM0init(void)     //T0 初始化
{
  TMOD=0x02;            //T0 工作方式 2,TH0 是重装值,TL0 是初值
  TH0=0x00;            // 装初值
  TL0=0x00;
  ET0=1;               // 开中断
  TR0=1;
}
void EX0init(void)      // 外部中断 0 初始化
{
IT0 = 1;               // 指定外部中断 0 下降沿触发,INT0 (P3.2)
EX0 = 1;               // 开外部中断
```

```
    EA = 1;                              // 开总中断
    }
    void Ir_work(void)                   // 红外键值散转程序
    {
        switch(IRcord[2])                // 判断第三个数码前两个是用户码, 最后一个
                                         // 是反码, 第三个才是真正的数据码
        {
            case 0x45:run();break;       // 红外遥控器的按键值 0x45, 当按下 45 按键
                                         // 时, 小车前进
            case 0x46:back();break;      // 红外遥控器的按键值 0x46, 当按下 46 按键
                                         // 时, 小车后退
            case 0x47:left();break;      // 红外遥控器的按键值 0x47, 当按下 47 按键
                                         // 时, 小车左转弯
            case 0x44:right();break;     // 红外遥控器的按键值 0x44, 当按下 44 按键
                                         // 时, 小车右转弯
            case 0x40: spin_left();break;
                                         // 红外遥控器的按键值 0x40, 当按下 40 按键
                                         // 时, 小车左旋转
            case 0x43: spin_right ();break;
                                         // 红外遥控器的按键值 0x43, 当按下 43 按键
                                         // 时, 小车右旋转
            case 0x07:stop();break;      // 红外遥控器的按键值 0x07, 当按下 07 按键
                                         // 时, 小车停止
            default:break;
        }
        irpro_ok=0;
    }
```

注意: 红外遥控器的键位码如图 3-30 所示。除了用以上按键, 也可以用其他按键。

图 3-30　红外遥控器的键位码

```
/*------------------------------------------------
                  红外码值处理  接收后面 4 字节
------------------------------------------------*/
void Irpro(void)                    // 红外码值处理函数，分析出哪些是 1，哪些是 0
{
  unsigned char i,j,k;
  unsigned char cord,value;
  k=1;                              // 前导码没数据，从第二个开始，就是用户码开始
  for(i=0;i<4;i++)                  // 处理 4 字节
    {
      for(j=1;j<=8;j++)             // 处理 1 字节 8 位
        {
          cord=irdata[k];
          if(cord>7)               // 低电平下降沿到下一个下降沿的宽度是 (0.56+
                                   //0.565)ms=1.125ms, 高电平则是 (0.56+1.69)ms=
                                   //2.25ms，同样我们也给出一个范围用于区分它们，
                                   // 可以这样识别：(1.125ms+2.25ms)/2=1.68ms，
                                   // 大于 1.68 为高，小于 1.68 为低。
// 假设使用 12MHz 晶振，定时器的单位数值是 1μs，使用 8 位定时器自动重装，将得
// 到每个定时周期为 0.256ms 的时长，1.68/0.256=6.59, 约等于 7，也就是定时器
//T0 的计数次数。
            value|=0x80;           // 最高位赋 1
          if(j<8)
            {
                value>>=1;
            }
          k++;
        }
      IRcord[i]=value;
      value=0;
    }
  irpro_ok=1;                       // 处理完毕标志位置 1
}
```

主函数流程图如图 3-31 所示。
主函数如下：

```
void main(void)                     // 主函数
{
  EX0init();                        // 初始化外部中断
  TIM0init();                       // 初始化定时器
  P1=0x00;;                         // 取位码第一位数码管选通，即二进制 1111 1110
  while(1)                          // 主循环
    {
      if(irok)                      // 如果接收好就进行红外处理
        {
```

```
        Irpro();          // 红外码值处理
        irok=0;
      }
   if(irpro_ok)           // 如果处理好就进行工作处理，如按对应的按键后显示对应
                          // 的数字等
      {
      Ir_work();          // 解码程序
      }
    }
  }
```

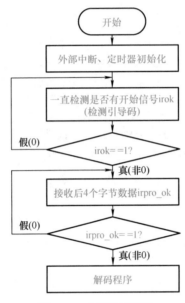

图 3-31 主函数流程图

见附录。

🛠️ 知识链接

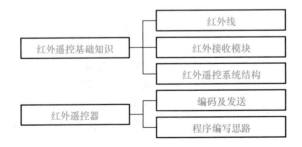

3.4.1　红外遥控基础知识

1. 红外线

在光谱中波长自 760nm 至 400μm 的电磁波被称为红外线，它是一种不可见光。目前几乎所有的视频和音频设备都可以通过红外遥控的方式进行遥控，比如电视机、空调、影碟机等，都可以见到红外遥控的影子。红外线示意图如图 3-32 所示。

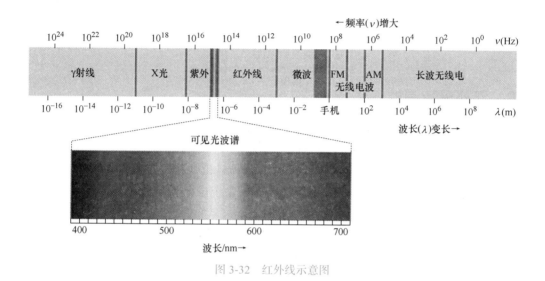

图 3-32　红外线示意图

2. 红外接收模块

红外接收模块内部含有高频的滤波电路，专门用来滤除红外线合成信号的载波信号（38kHz），并送出接收到的信号。当红外线合成信号进入红外接收模块，在其输出端便可以得到原先发射器发出的数字编码，只要经过单片机解码程序进行解码，便可以得知按下了哪一个按键，而做出相应的控制处理，完成红外遥控的动作。红外接收模块如图 3-33 所示。

1—GND
2—+5V
3—数据输出端

图 3-33　红外接收模块

3. 红外遥控系统结构

通用红外遥控系统由发射和接收两大部分组成，应用编 / 解码专用集成电路芯片来进行控制操作。红外遥控系统结构如图 3-34 所示。其中，发射部分包括键盘、编码和调制器和 LED 红外发送器，接收部分包括光电转换放大器、解调和解码单片机。

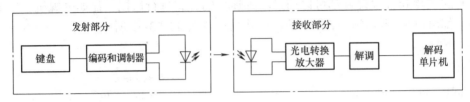

图 3-34　红外遥控系统结构

3.4.2　红外遥控器的编码及发送

红外遥控器是通过发送一定的控制信号来实现对实用电器的控制，这个控制信号就是一串红外脉冲编码信号。通过发送的不同编码脉冲来表示不同的功能按键信号，电器通过红外接收系统接收到编码脉冲，并进行相应的解码执行相应的功能，这样就实现了红外遥控家用电器的目的。由此可见编码在红外遥控系统中的重要性，不过编码方式还没有一个统一的国际标准，每个生产厂家所使用的编码方式各不相同。编码方式主要有 RC5、NEC、SONY、REC80、SAMSWNG 等，主要是欧洲和日本生产厂家所使用的编码方式。国内家用电器的生产厂家多数是按照上述的各种编码方式进行编码的，应用较多的是 NEC 型编码方式。

我们日常生活中用的红外遥控器，都使用基于 PWM（脉冲宽度调制）的 NEC 协议。有了协议，红外通信就是一个编码与解码的过程，利用发光晶体管通断时间的不同，就可以发射出去不同的字节，来表示不同的按键。

NEC 编码方式的特征为：

1）使用 38kHz 载波频率。

2）引导码间隔是（9+4.5）ms。

3）使用 16 位客户代码（用户码）。

4）使用 8 位数据代码和 8 位取反的数据代码。

NEC 编码脉冲序列如图 3-35 所示。

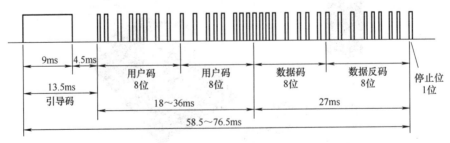

图 3-35　NEC 编码脉冲序列

协议规定低位首先发送。一串信息首先发送 9ms 的 AGC（自动增益控制）的高电平，接着发送 4.5ms 的起始低电平，接下来是 16 位客户代码，也就是用户码，然后是 8 位数据码，最后是 8 位数据反码。

如果一直按那个按键，一串信息也只能发送一次，一直按着，发送的则是以 110ms 为周期的重复码。

接收信号跟发送信号是正好反向的。

重复码是由 9ms 的 AGC 高电平、4.5ms 的低电平及一个 560μs 的高电平组成。重复码格式如图 3-36 所示。

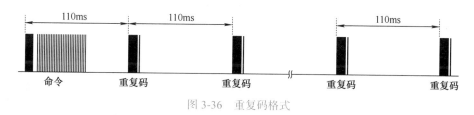

图 3-36　重复码格式

逻辑 1 是由 560μs 的高电平和 1.69ms 的低电平组成的脉冲，逻辑 1 格式如图 3-37 所示。

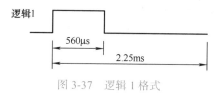

图 3-37　逻辑 1 格式

逻辑 0 是由 560μs 的高电平和 565μs 的低电平组成的脉冲表示，逻辑 0 格式如图 3-38 所示。

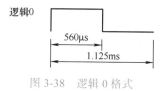

图 3-38　逻辑 0 格式

3.4.3　红外遥控器程序编写思路

红外遥控器程序编写思路如下：

1）产生下降沿，进入外部中断 0 的中断函数，延时一下之后检测 I/O 口是否还是低电平，如果是，就等待 9ms 的低电平过去。

2）等待 9ms 的低电平过去后，再等待 4.5ms 的高电平过去。

3）接着开始接收传送的 4 组数据。

4）先等待 560μs 的低电平过去。

5）检测高电平的持续时间，如果超过 1.12ms 那么是高电平（高电平的持续时间为 1.69ms，低电平的持续时间为 565μs）。

6）将检测接收到的数据和数据反码进行比较，看接收到的数据是否是一样的。

🔧 习题训练

任务 5　智能小车通信模块设计与制作

🔧 **任务描述**

▶▶ **基础任务**

通过模拟企业智能小车，使用蓝牙模块连接小车，用手机 APP（应用程序）控制小车前进、后退、左转、右转、停止、加速、减速、鸣笛等动作。

▶▶ **进阶任务**

通过模拟企业智能小车，使用 WiFi 模块连接小车，用微信控制小车前进、后退、左转、右转、停止、加速、减速、鸣笛等动作。

🔧 **任务目标**

知识目标	1. 掌握蓝牙工作原理 2. 掌握蓝牙的通信协议 3. 掌握 WiFi 工作原理 4. 掌握小车微信遥控通信协议
能力目标	1. 会分析蓝牙电路 2. 会编写小车蓝牙通信协议 3. 会分析 WiFi 电路 4. 会编写小车微信遥控通信协议
素质目标	1. 通过小组分工协作完成任务的形式，培养团队合作能力 2. 通过反复调试任务，培养认真细致、精益求精的工匠精神和劳动精神 3. 通过蓝牙控制和 WiFi 控制小车任务，培养信息安全意识 4. 养成检测、反馈与调整的职业习惯

🔧 **任务实施**

任务工单见附录。

▶▶ **基础任务**

1. 硬件设计

智能小车蓝牙通信模块电路框图如图 3-39 所示。

电路中采用了 HC-06 蓝牙模块（见图 3-40），该模块共有 4 个引出端：VCC 为电源，其输入电压范围为 3.6 ～ 6V，GND 为地，TX 为信号输出端，RX 为信号输入端。由于 HC–06 蓝牙模块支持 UART 接口，因此把 HC–06 的 TX、RX 分别和 51 单片机的 RXD、TXD 相连，通电后即可进行二者之间的串口通信。

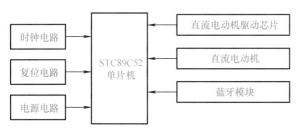

图 3-39　智能小车蓝牙通信模块电路框图

图 3-40　HC–06 蓝牙模块

 小知识

　　HC–06 嵌入式蓝牙串口通信模块是专为智能无线数据传输而打造的，采用英国 CSR 公司 BlueCore4–Ext 芯片，遵循 V2.0+EDR（增强数据速率）蓝牙规范。该模块支持 UART、USB、SPI 等接口，具有成本低、体积小、功耗低、收发灵敏等优点。该模块主要用于短距离的数据无线传输领域，可方便地与手机等智能终端的蓝牙设备相连，也可实现两个模块之间的数据互通。

　　元器件列表见表 3-21。

表 3-21　元器件列表

序号	元器件名称	型号 / 规格	数量	Proteus 中的名称
1	单片机	STC89C52	1	用 AT89C51 代替 STC89C52
2	陶瓷电容器	30pF	2	CAP
3	晶振	12MHz	1	CRYSTAL
4	电解电容	10μF	1	CAP-ELEC
5	电阻	10kΩ	1	RES
6	二极管		8	1N4148 或 IN4007
7	电动机驱动芯片		1	L298
8	直流电动机		4	MOTOR
9	电解电容	1μF	1	CAP-ELEC
10	蓝牙模块		1	HC–06

　　蓝牙通信模块与单片机的连接图如图 3-41 所示。

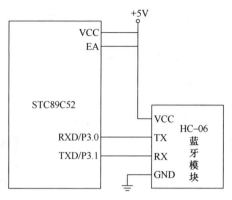

图 3-41　蓝牙通信模块与单片机的连接图

> **小锦囊**
>
> 　　TX 代表传送（Transmit）数据，RX 代表接收（Receive）数据，所以 TX 与单片机的 RXD 连接，RX 与单片机的 TXD 连接。

2. 软件设计

　　该任务的程序需要两个文件，一个是 "BST_CAR.H" 头文件，一个是 "main.c" 程序文件。参考程序请扫描右侧二维码或下载本书电子配套资料查看。

3. 运行调试

　　上面主要介绍了蓝牙通信模块接收端的程序设计，至于控制信号的发送端，需要在手机端安装蓝牙串口 APP 来实现。首先在手机上安装 "app-debug.apk"，蓝牙串口 APP 图标如图 3-42 所示。需要注意的是，该 APP 只能在安卓手机上运行。

图 3-42　蓝牙串口 APP

　　蓝牙遥控使用说明如下：

　　1）严格按照接线图接线，并插上蓝牙模块。

　　2）开启智能小车，确保蓝牙模块供电正常（蓝牙模块指示灯闪烁状态）。

　　3）打开手机的蓝牙，并在蓝牙设置中找到蓝牙模块设备，单击后输入密码：1234。

　　4）打开蓝牙串口 APP 遥控界面，如图 3-43 所示。若手机未开启蓝牙功能，"蓝牙开关" 旁的按钮显示灰暗，单击按钮即可开启，开启后如 （蓝牙的开启也可以在手机系统中进行设置）所示。

　　5）单击 "蓝牙搜索" 按钮。

　　6）单击下拉按钮 蓝牙搜索 98:D3:.. ✈ 选择已连接的蓝牙模块的物理地址。

　　7）单击 "连接" 按钮。

　　8）成功连接后会进行提示，若提示 "连接失败"，则返回到第一步进行检查，尝试重新连接。

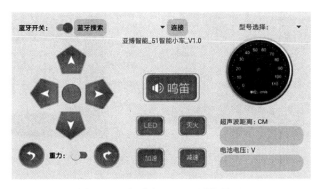

图 3-43　蓝牙串口 APP 遥控界面

▶▶ 进阶任务

1. 硬件设计

智能小车 WiFi 通信模块电路框图如图 3-44 所示。

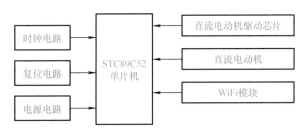

图 3-44　WiFi 通信模块电路框图

电路中采用物联网 WiFi 模块（见图 3-45），该模块共有 4 个引出端：VCC 为电源，其输入电压范围为 3.6 ～ 6V，GND 为地，TX 为信号输出端，RX 为信号输入端。由于物联网 WiFi 模块支持 UART 接口，因此把 WiFi 模块的 TXD、RXD 分别和 51 单片机的 RXD、TXD 相连，通电后即可进行两者之间的串口通信。

元器件列表见表 3-22。

表 3-22　元器件列表

序号	元器件名称	型号 / 规格	数量	Proteus 中的名称
1	单片机	STC89C52	1	用 AT89C51 代替 STC89C52
2	陶瓷电容器	30pF	2	CAP
3	晶振	12MHz	1	CRYSTAL
4	电解电容	10μF	1	CAP–ELEC
5	电阻	10kΩ	1	RES
6	二极管		8	1N4148 或 1N4007
7	电动机驱动芯片		1	L298
8	直流电动机		4	MOTOR
9	电解电容	1μF	1	CAP–ELEC
10	WiFi 模块		1	

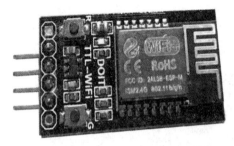

图 3-45　物联网 WiFi 模块

WiFi 模块与单片机的连接图如图 3-46 所示。

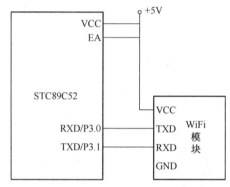

图 3-46　WiFi 模块与单片机的连接图

2. 软件设计

该任务的程序需要两个文件，一个是"BST_CAR.H"头文件，一个是"main.c"程序文件。参考程序请扫描右侧二维码或下载本书电子配套资料查看。

3. 运行调试

（1）配置 WiFi

方式 1：因每个 WiFi 的名称和密码不同，WiFi 模块在出厂时没有进行配置，因此需要配置 WiFi 模块。配置时手机必须连接到当前环境的 WiFi 网络并能正常访问互联网。需要注意的是，仅能识别常规的 2.4G-WiFi 信号，无法识别 5G-WiFi 信号。

方式 2：若要在没有 WiFi 网络的户外环境中使用微信遥控，需要两台具备移动网络的手机，其中一台手机当热点提供网络，另一台手机连接至此热点，后续配置与方式 1 相同。（建议使用方式 1，因为部分手机提供的 WiFi 热点可能无法被 WiFi 模块识别。）

（2）配置步骤

1）打开智能小车电源。

2）长按 WiFi 模块上编号为 G 的按键 5s，等待 WiFi 模块的蓝色指示灯亮起后松手。G 点按键和指示灯如图 3-47 所示。

3）扫描图 3-48 所示二维码（资料、说明书、官网均有此二维码）。

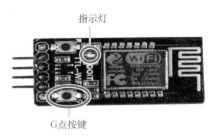

指示灯

G点按键

图 3-47　G 点按键和指示灯

图 3-48　二维码

4）扫描二维码后出现图 3-49 所示手机界面。

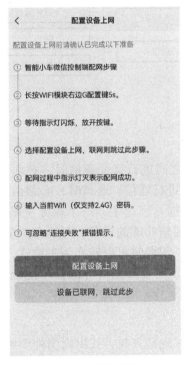

图 3-49　手机界面

如果首次配置 WiFi 或更换 WiFi，单击"配置设备上网"按钮；如果设备已经配置过，单击"设备已联网，跳过此步"按钮；如果智能小车已经被其他手机配置过当前网络，扫描二维码后，单击"设备已联网，跳过此步"按钮。一台智能小车可以被多台设备同时控制。

5）单击"配置设备上网"按钮后，输入当前连接的 WiFi 密码后，单击"连接"按钮；开始搜索设备，单击搜索到的"智能小车微信控制"。

6）单击"绑定设备"按钮，进入公众号。

7）进入公众号主页面，单击"微信控制"菜单下的子菜单"我的智能小车设备"，即可看到所有绑定过的设备。

图 3-50　微信控制界面

8）单击"智能小车微信控制端"，进入界面后，单击"继续访问"，进入到图 3-50 所示的微信控制界面，界面右上角选择小车型号后，单击界面按键即可控制智能小车。

任务评价

见附录。

知识链接

3.5.1 蓝牙工作原理

1. 蓝牙通信的主与从

蓝牙技术规定每一对设备之间进行蓝牙通信时，必须一个为主角色（主端设备），另一为从角色（从端设备），才能进行通信。通信时，必须由主端设备进行查找，发起配对，建链成功后，双方即可收发数据。理论上，一个蓝牙主端设备，可同时与 7 个蓝牙从端设备进行通信。一个具备蓝牙通信功能的设备，可以在两个角色间切换，平时工作在从模式，等待其他主端设备来连接，需要时可以转换为主模式，向其他设备发起呼叫。一个蓝牙设备以主端设备发起呼叫时，需要知道对方的蓝牙地址、配对密码（PIN 码）等信息，配对完成后，可直接发起呼叫。

2. 蓝牙的呼叫过程

主端蓝牙设备发起呼叫，首先是查找，找出周围处于可被查找的从端蓝牙设备。主端设备找到从端设备后，与从端设备进行配对，此时需要输入从端设备的 PIN 码，也有的设备不需要输入 PIN 码。配对完成后，从端设备会记录主端设备的信任信息，此时主端设备即可向从端设备发起呼叫，已配对的设备在下次呼叫时，不再需要重新配对。已配对的设备，作为从端设备的蓝牙耳机也可以发起建链请求，但用于数据通信的蓝牙模块一般不发起呼叫。链路建立成功后，主从两端之间即可进行双向的数据或语音通信。在通信状态下，主端设备和从端设备都可以发起断链，断开蓝牙链路。

3. 蓝牙一对一的串口数据传输应用

蓝牙数据传输应用中，一对一串口数据通信是最常见的应用之一，即在出厂前提前设好两个蓝牙设备之间的配对信息，主端预存有从端设备的 PIN 码、地址等，两端设备加电即自动建链，透明串口传输，无需外围电路干预。一对一应用中从端设备可以设为两种类型，一是静默状态，即只能与指定的主端设备通信，不能被别的蓝牙设备查找建链；二是开发状态，既可与指定主端设备通信，也可以被别的蓝牙设备查找建链。

3.5.2 蓝牙通信协议

蓝牙遥控通信协议格式如下：

$0,0,0,0,0,0,0,0,0,0,0,100,4200#

（1）上下左右停止（对应协议中的第 1 位）

举例：$0，0，0，0，0，0，0，0，0，0，0，100，4200#

变量：direction

{up(1),down(2),left(3),right(4),stop(0)}

（2）左旋转、右旋转（对应协议中的第 3 位）（自定义 1）

举例：$0，0，0，0，0，0，0，0，0，0，0，100，4200#

变量：revolve

{turn_left(1),turn_right(2)}

（3）鸣笛（对应协议中的第 5 位）（自定义 3）

举例：$0，0，0，0，0，0，0，0，0，0，0，100，4200#

变量：whistle

{true,false}

（4）加速（对应协议中的第 7 位）（自定义 5）

举例：$0，0，0，0，0，0，0，0，0，0，0，100，4200#

变量：expedite

{true,false}

（5）减速（对应协议中的第 9 位）（自定义 6）

举例：$0，0，0，0，0，0，0，0，0，0，0，100，4200#

变量：reduce

{true,false}

（6）点灯（自锁）（对应协议中的第 17 位）（自定义 2）

举例：$0，0，0，0，0，0，0，0，0，0，0，100，4200#

变量：light

{true,false}1,0

（7）灭火（自锁）（对应协议中的第 19 位）（自定义 8）

举例：$0，0，0，0，0，0，0，0，0，0，0，100，4200#

变量：outfire

{true,false}1,0

（8）超声波（对应协议中的第 23 位）

举例：$0, 0, 0, 0, 0, 0, 0, 0, 0, 0, 0, 100, 4200#

变量：ultrasonic

```
{100.8}    cm
```

（9）电池电压（对应协议中的第 25 位）

举例：$0, 0, 0, 0, 0, 0, 0, 0, 0, 0, 0, 100, 4200#

变量：voltage

```
{4.2}    V
```

3.5.3　WiFi 工作原理

WiFi 代表无线保真度，它描述的是一种基于 IEEE 802.11 标准的无线局域网络技术，该标准由电气和电子工程师协会（IEEE）LAN / MAN 标准委员会（IEEE 802）进行维护。

与传统的晶体管收音机类似，WiFi 网络使用无线电波在空中传输信息，无线电波是一种电磁辐射，其在电磁波谱中的波长比红外光长。WiFi 无线电波通常具有 2.4GHz 或 5.8GHz 的频率。这两个 WiFi 频带之后被细分为多个信道，而每个信道可能同时会被很多不同的网络所共享。

当通过 WiFi 网络下载文件时，一个被称为无线路由器的设备首先通过宽带互联网连接从互联网接收数据，然后将其转换成无线电波。接下来，无线路由器会向周围区域发射无线电波，并由已发起下载请求的无线设备捕获它们并对其进行解码。

3.5.4　小车微信遥控通信协议

微信与硬件通信的协议格式如下：

```
$0,0,0,0,0,0,0,0,0,0,0,100,4200#
```

（1）上下左右停止（对应协议中的第 1 位）

举例：$0, 0, 0, 0, 0, 0, 0, 0, 0, 0, 0, 0, 100, 4200#

变量：direction

```
{up(1),down(2),left(3),right(4),stop(0)}
```

（2）旋转（对应协议中的第 3 位）（自定义 1）

举例：$0, 0, 0, 0, 0, 0, 0, 0, 0, 0, 0, 100, 4200#

变量：revolve

```
{true,false}1,0
```

（3）鸣笛（对应协议中的第 5 位）（自定义 3）

举例：$0, 0, 0, 0, 0, 0, 0, 0, 0, 0, 0, 0, 100, 4200#

变量：whistle

{true,false}

（4）加速（对应协议中的第 7 位）（自定义 5）

举例：$0，0，0，0，0，0，0，0，0，0，0，100，4200#

变量：expedite

{true,false}

（5）减速（对应协议中的第 9 位）（自定义 6）

举例：$0，0，0，0，0，0，0，0，0，0，0，100，4200#

变量：reduce

{true,false}

（6）点灯（自锁）（对应协议中的第 17 位）（自定义 2）

举例：$0，0，0，0，0，0，0，0，0，0，0，100，4200#

变量：light

{true,false}1,0

（7）灭火（自锁）（对应协议中的第 19 位）（自定义 8）

举例：$0，0，0，0，0，0，0，0，0，0，0，100，4200#

变量：outfire

{true,false}1,0

（8）超声波（对应协议中的第 23 位）

举例：$0，0，0，0，0，0，0，0，0，0，0，100，4200#

变量：ultrasonic

{100.8}　cm

（9）电池电压（对应协议中的第 25 位）

举例：$0，0，0，0，0，0，0，0，0，0，0，100，4200#

变量：voltage

{4.2}　V

习题训练

附　　录

任务工单

工作任务					
姓名		学号		班级	
任务地点				日期	
小组成员				课时	
任务要求					

实施过程 1：硬件设计

根据任务要求，进行方案设计（绘制系统框图）、元器件选型、硬件电路设计与绘制。

序号	检查项目	说明	结合完成情况打勾
1	方案设计合理		完成□　未完成□
2	硬件电路设计与绘制规范		完成□　未完成□

根据任务要求，选择元器件型号，并将工作完成情况记录在下表中。

序号	元器件名称	元器件型号	数量
1			
2			
3			
4			
5			
6			
7			
8			
9			
10			
11			
12			
13			
14			
15			

任务实施

（续）

	实施过程2：软件设计

根据任务需求，绘制程序流程图，并加以文字说明，最后记录在下表中。

控制程序流程图（线上提交）	说明

根据任务需求和程序流程图思路，利用 Keil 软件新建控制程序，完成控制程序的编写与调试。将对应的控制程序记录在下方框中，加以文字说明，并将出错点记录在下表中。

控制程序（线上提交）	说明	出错点

任务实施

实施过程3：虚拟仿真

根据任务需求，联合 Proteus 软件和 Keil 软件进行仿真，并将工作完成情况记录在下表中。

序号	仿真运行效果（功能实现）	结合完成情况打勾
1		完成□　未完成□
2		完成□　未完成□
3		完成□　未完成□

实施过程4：实物联调

根据任务需求，结合 Proteus 软件和 Keil 软件进行虚拟仿真，并与单片机实物结合进行软硬件调试，将工作完成情况记录在下表中。

序号	实物联调内容	说明	出错点	结合完成情况打勾
1	硬件连接			完成□　未完成□
2	程序下载			完成□　未完成□
3	通电调试			完成□　未完成□
4	故障排查			完成□　未完成□

课中小科创

1. 方案设计创新：

2. 程序创新：

3. 功能创新：

任务评价表

序号	检查项目	检查内容与要点	配分	学生自评	教师评价	思政内容考核点
1	安全规范操作	1. 工量具、仪器设备使用无违规操作，得 4 分，操作错误不得分	10			安全规范 职业道德
		2. 操作过程中正确佩戴相关防护装置，得 2 分，错误不得分				
		3. 着装规范整洁，爱护仪器设备，得 2 分				
		4. 保持工作环境清洁有序，得 2 分				
2	硬件设计（方案设计）	1. 工程文件、原理图文件命名正确，得 2 分，错误不得分	30			严谨规范 工艺标准 质量意识 成本意识
		2. 元器件选择参数符合要求，得 3 分，错误不得分				
		3. 电路图不超出编辑框，元器件布局整齐、规范，得 2 分，错误不得分				
		4. 导线连接横平竖直，避免交叉，符合要求得 2 分，错误不得分				
		5. 电路连接正确并符合要求，得 2 分，错误不得分				
		6. 元器件选择装配正确、位置适中得 4 分，有一处不正确扣 0.5 分				
		7. 焊点完整、均匀、圆滑、光泽一致得 4 分，有一处不符合要求扣 0.5 分				
		8. 板面清洁得 3 分，有一处不清洁扣 0.5 分，此项共 3 分				
		9. 电路板及焊盘无损坏得 2 分，有一处不符合要求扣 0.5 分				
		10. 正确将电路板安装到产品上，位置合理得 2 分				
		11. 连线错误或安装工艺不符合要求每处扣 1～2 分，此项共 4 分				
3	软件设计（虚拟仿真）	1. 流程图绘制规范、逻辑清晰且正确，得 4 分	30			编程规范 精益求精
		2. 程序代码思路清晰、语句正确得 5 分，采用模块化编程得 5 分，代码编译通过得 8 分，此项共 18 分				
		3. 代码编写规范（函数名、变量名遵循见名知义、运算符正确规范、函数定义和调用格式规范等），每错一处扣 0.5 分，此项共 8 分				
4	任务与功能验证	1. 硬件电路搭接规范合理，调试方法正确，调试过程规范，产品质量合格，此项共 5 分	20			团队协作
		2. 任务实现，作品展示，表述清晰，此项共 15 分				

（续）

序号	检查项目	检查内容与要点	配分	学生自评	教师评价	思政内容考核点
5	创新模块	1. 方案创新，每增加一个解决方案得2分，此项共4分	10			创新意识
		2. 功能创新，每增加一个功能得2分，此项共6分				
	备注					

检查评价	过程自评（学生填写）： 评语（组长）：

组员互评			综合得分	

参 考 文 献

[1] 王静霞. 单片机应用技术：C 语言版 [M]. 4 版. 北京：电子工业出版社，2019.

[2] 龙芬，张军涛，邓婷. C51 单片机应用技术项目教程 [M]. 武汉：华中科技大学出版社，2022.

[3] 郭书军. 物联网单片机应用与开发：中级. 北京：电子工业出版社，2022.

[4] 郭天祥. 新概念 51 单片机 C 语言教程：入门、提高、开发、拓展全攻略 [M]. 北京：电子工业出版社，2009.

[5] 杜洋. 爱上单片机 [M]. 4 版. 北京：人民邮电出版社，2018.

[6] 徐玮. C51 单片机高效入门 [M]. 2 版. 北京：机械工业出版社，2010.

[7] 刘松，朱水泉. 单片机技术与应用 [M]. 北京：高等教育出版社，2019.